中央高校教育教学改革基金(本科教学工程)资助

微波遥感实习教程

WEIBO YAOGAN SHIXI JIAOCHENG

主 编 刘修国 陈启浩
副主编 史绪国 解清华 张正加 周 超

中国地质大学出版社
ZHONGGUO DIZHI DAXUE CHUBANSHE

图书在版编目(CIP)数据

微波遥感实习教程/刘修国,陈启浩主编;史绪国等编.—武汉:中国地质大学出版社,2022.10(2024.10重印)
ISBN 978-7-5625-5404-2

Ⅰ.①微… Ⅱ.①刘… ②陈… ③史… Ⅲ.①微波遥感-教材 Ⅳ.①TP722.6

中国版本图书馆 CIP 数据核字(2022)第 195106 号

微波遥感实习教程		刘修国 陈启浩 **主 编**
		史绪国 解清华 张正加 周 超 **副主编**
责任编辑:彭 琳		责任校对:徐蕾蕾
出版发行:中国地质大学出版社(武汉市洪山区鲁磨路388号)		邮政编码:430074
电 话:(027)67883511 传 真:(027)67883580		E-mail:cbb@cug.edu.cn
经 销:全国新华书店		http://cugp.cug.edu.cn
开本:787毫米×1092毫米 1/16	字数:416千字	印张:16.25
版次:2022年10月第1版		印次:2024年10月第2次印刷
印刷:武汉市籍缘印刷厂		
ISBN 978-7-5625-5404-2		定价:45.00元

如有印装质量问题请与印刷厂联系调换

前 言

微波遥感是摄影测量与遥感领域的重要组成部分,因其全天时、全天候工作能力及一定穿透性等特点,具有可见光和红外遥感所不可替代、不具备的优势,被越来越多地应用于灾害、环境、资源、军事、农林、海洋等领域。

随着微波遥感应用及相关信息技术的快速发展,"微波遥感实习"已经成为"微波遥感"课程不可缺少的重要教学环节。为了加深对微波遥感理论知识的理解和掌握,我们将实践教学与理论教学并重,并一直致力于微波遥感实习教学体系和教学内容的建设和改革。课程组建立了"微波遥感实习"的新教学体系,实习内容涵盖合成孔径雷达(synthetic aperture rader,SAR)及其图像处理等微波遥感基础知识、极化 SAR 图像处理和雷达干涉测量,实习难度由单项到综合逐步提升;取材上力求做到先进、新颖、实用,理论联系实际;技能培养过程由浅入深,由点及面,再到系统应用;不局限于简单的专业软件操作学习等传统实践教学模式,而是积极引导学生思考、钻研,努力培养学生设计分析、实践创新和综合应用知识解决实际专业问题的能力。

为了更好地满足教学和技术应用的需求,在参考《微波遥感实习指导书》等教学资料的基础上,我们着手编写了《微波遥感实习教程》。

本书由四个部分组成。第一部分是基础篇,包括常用软件介绍、雷达遥感数据认识、雷达遥感图像特性与基本处理、雷达遥感图像的目视解译和自动解译等。第二部分是提高篇,包括 SAR 图像统计建模、极化 SAR 图像处理、雷达干涉测量处理等。第三部分是综合篇,包括灾后建筑物损毁评估、海面溢油监测、农作物分类等综合应用,以及地震形变反演、时序 InSAR 滑坡监测、冻土监测等形变反演综合应用。第四部分是微波遥感认知实践路线,包括中国地质大学(武汉)南望山校区和未来城校区两条认知实践路线。课程共设置 4~5 次集中实习,目的是让学生进一步掌握和巩固所学微波遥感的基本原理与方法,理论联系实际,灵活应用所学知识解决实际问题,提高分析问题、解决问题的能力,培养学生的创新能力。

全书由刘修国策划、设计和组织编写,陈启浩负责第一、第四、第五、第八、第十章的编写工作,张正加负责第二、第七章的编写工作并参与第九、第十章的编写工作,史绪国负责第三章的编写工作并参与第九章的编写工作,解清华负责第六章的编写工作并参与第一、第八章的编写工作,周超参与第一、第九章的编写工作,其他内容的审定及全书的统稿、定稿工作由刘修国完成。

I

本书不仅可以作为遥感科学与技术、测绘工程、地理信息系统、资源环境等专业的学生的实习教材和参考资料，也可以作为从事微波遥感方面研究工作的工程技术人员和科研人员的技术参考资料。

本书引用了一些相关研究者的研究资料，在此一并表示衷心感谢。

受各方面水平所限，书中不足之处，恳请读者批评指正。

编者

2022 年 4 月

目 录

第一部分 基础篇

1 绪 论 …………………………………………………………………… (3)
　1.1 引 言 ……………………………………………………………… (3)
　1.2 SAR 系统发展 …………………………………………………… (4)
　1.3 常用软件简介 …………………………………………………… (7)
　1.4 SAR 的应用方向 ………………………………………………… (11)
2 雷达数据 ……………………………………………………………… (14)
　2.1 雷达数据存储 …………………………………………………… (14)
　2.2 典型雷达数据产品 ……………………………………………… (17)
　2.3 雷达图像元数据 ………………………………………………… (33)
　2.4 雷达数据示例 …………………………………………………… (34)
3 雷达图像特性与处理 ………………………………………………… (35)
　3.1 几何特征分析 …………………………………………………… (35)
　3.2 多视处理 ………………………………………………………… (40)
　3.3 滤波去噪 ………………………………………………………… (46)
　3.4 斜距转地距 ……………………………………………………… (50)
　3.5 地理编码 ………………………………………………………… (55)
4 SAR 图像解译 ………………………………………………………… (64)
　4.1 SAR 图像目视解译 ……………………………………………… (64)
　4.2 不同地物的 SAR 图像特征分析 ………………………………… (65)
　4.3 高分辨率 SAR 图像典型地物样例 ……………………………… (71)
　4.4 特征提取 ………………………………………………………… (75)
　4.5 专题信息提取 …………………………………………………… (84)
　4.6 自动分类方法 …………………………………………………… (85)

第二部分 提高篇

5 SAR 图像统计建模 …………………………………………………… (91)
　5.1 SAR 图像统计模型 ……………………………………………… (91)

5.2　统计建模分析 ……………………………………………………………… (92)
　5.3　均质区建模 …………………………………………………………………… (96)
　5.4　典型区域的统计建模 ………………………………………………………… (100)

6　极化 SAR 图像处理 …………………………………………………………… (103)
　6.1　极化数据(矩阵)的认识 ……………………………………………………… (103)
　6.2　极化目标分解 ………………………………………………………………… (109)
　6.3　极化 SAR 图像分类 …………………………………………………………… (116)

7　雷达干涉测量处理 …………………………………………………………… (135)
　7.1　InSAR 技术 …………………………………………………………………… (135)
　7.2　D-InSAR 技术 ………………………………………………………………… (146)
　7.3　时序 InSAR 技术形变监测处理 ……………………………………………… (153)
　7.4　InSAR 影响因素分析 ………………………………………………………… (168)

第三部分　综合篇

8　分类综合应用 ………………………………………………………………… (173)
　8.1　灾后建筑物损毁评估 ………………………………………………………… (173)
　8.2　极化 SAR 海面油膜检测 ……………………………………………………… (183)
　8.3　农作物分类 …………………………………………………………………… (191)

9　形变反演综合应用 …………………………………………………………… (197)
　9.1　地震形变反演 ………………………………………………………………… (197)
　9.2　时序 InSAR 滑坡监测 ………………………………………………………… (210)
　9.3　冻土监测 ……………………………………………………………………… (222)

第四部分　认知实践路线

10　微波遥感认知实践路线 ……………………………………………………… (231)
　路线 1　南望山校区及周边典型地物 SAR 图像特征认知实践 ………………… (231)
　路线 2　未来城校区典型地物 SAR 图像特征认知实践 ………………………… (239)

参考文献 …………………………………………………………………………… (248)

附　图 ……………………………………………………………………………… (250)

第一部分

基础篇

1 绪 论

1.1 引 言

航空和航天遥感技术作为对地观测的重要手段,近年来发展迅猛,观测的空间分辨率、光谱分辨率、时间分辨率逐步提升,所用的电磁波谱从可见光波段、近红外波段拓展到微波波段。

微波是电磁波谱中波长范围为 1mm～1m(频率范围 300MHz～300GHz)电磁波的通称。按波长依次增加,常用的微波频段可以分为 Ka、K、Ku、X、C、S、L、P 等波段。利用微波波段可以获得与光学遥感互补的信息。更重要的是,在对地观测过程中,微波受大气的影响比可见光和红外波段更小,尤其对长度超过 3cm(频率小于 10GHz)的微波,大气层可近似为透明的。L 波段和 P 波段更是可以穿透植被冠层甚至干土、沙的表层(穿透深度可达数米)。

微波遥感利用空天地不同平台上的微波传感器,在远离目标和非接触目标的条件下探测目标,获取其反射、散射或辐射的微波信息,对这些信息进行处理,分析提取目标空间分布、物理属性及其变化等内容并应用于各行业领域。微波遥感已成为摄影测量与遥感领域的重要组成部分,以其全天时、全天候工作能力及一定穿透性等特点,展现出可见光和红外遥感所不可替代、不具备的优势。

微波遥感按有源、无源探测方式可以分为主动微波遥感和被动微波遥感。被动的微波辐射计,与可见光和红外遥感类似,本身不发射微波信号,只接受目标物反射或辐射的微波能量。主动微波遥感包括合成孔径雷达(synthetic aperture radar,SAR)、微波散射计、微波高度计等,以其本身发射的电磁脉冲作为信号源,并接收经目标物反射或散射的微波信号,所接收的信号通常包含幅度和相位信息。

作为发展最为迅速、当前最重要的主动微波遥感系统,SAR 自 20 世纪 50 年代诞生以来,在军事和民用领域得到了越来越广泛的应用。进入 21 世纪以来,用于对地观测的星载和机载 SAR 系统的发展更是突飞猛进,从单波段单极化到多波段多极化,再到全极化和干涉 SAR(interferometric SAR,InSAR)。RADARSAT-2、TerraSAR-X/TanDEM-X、Sentinel-1、ALOS-2、RCM、高分三号、海丝一号等星载 SAR 系统,已经并且还将继续在很长的时期内,提供大量高质量的 SAR 数据。

随着这些 SAR 数据越来越多地应用于灾害应急、环境监测、资源勘查、海洋监测、作物估产、军事侦察等领域,SNAP、PolSARpro、ENVI SARscape、GAMMA 等常用的免费、开源和商业的 SAR 图像处理分析软件被研发并应用于处理和分析 SAR 数据。

本章将从 SAR 系统的发展开始,介绍微波遥感主要的数据源、常用软件和应用领域。

1.2 SAR 系统发展

20 世纪 50 年代 SAR 概念诞生,随后第一个 SAR 系统问世,经过 60 多年的发展,SAR 系统无论是在理论方法,还是在系统指标上都得到了巨大的发展。

1978 年 6 月 27 日,美国国家航空航天局喷气推进实验室(Jet Propulsion Laboratory,JPL)发射了世界上第一颗载有 SAR 的海洋卫星 SEASAT。卫星传感器的工作波段为 L 波段,极化方式为 HH,天线波束指向固定。SEASAT 的发射标志着合成孔径雷达已成功进入太空对地观测的时代,也标志着星载 SAR 从实验室研究向应用研究的里程碑式转变。

欧洲空间局(European Space Agency,ESA),又称欧洲航天局(简称"欧空局")于 1991 年以后陆续发射了 ERS-1/2 系列卫星,1994 年美国航天飞机 SIR-C/X-SAR 两次成功开展对地观测实验,以及自 1995 年具有多种成像模式的加拿大商业 SAR 卫星 RADARSAT-1 发射以来,人们对 SAR 的基础理论研究、应用有了重要进展。这些卫星获取的地物信息以单波段、单极化后向散射强度为主。在这一阶段中,地物介电常数和地表形态引起的 SAR 后向散射系数差异被应用于不同的研究领域。当然,SIR-C/X-SAR 多波段多极化的 SAR 数据进一步加强了人们对微波电磁波频率和极化信息的利用。

进入 21 世纪以来,SAR 的发展突飞猛进,2000 年美国航天飞机的雷达地形测图计划(shuttle radar topography mission,SRTM)成功获取了全球 80% 的地面高程测量数据。2002 年欧空局发射搭载 C 波段 ASAR 的 ENVISAT 卫星,是第一个星载多极化 SAR 系统。从 2006 年开始,日本 ALOS-1 卫星搭载的 PALSAR、意大利 COSMO-SkyMed 卫星星座、德国的 TerraSAR-X/TanDEM-X 和 SAR-Lupe 卫星、加拿大的 RADARSAT-2 卫星以及以色列的 TecSAR 卫星等都相继发射入轨并顺利运行。这标志着 SAR 遥感进入到全极化和干涉 SAR 阶段。极化 SAR 通过一组正交的极化发射和接收天线的组合,获取 HH/HV/VH/VV 四个通道的电磁回波信息,可提供丰富的描述地物的极化特征和散射机制特征,大大增强了 SAR 地物类型分类和目标识别能力。InSAR 技术的出现,成功综合 SAR 成像原理和干涉测量技术,可利用雷达的相位信息提取地形及其形变信息。

近年来发射和计划发射的星载 SAR 都具有极化成像或雷达干涉测量的能力,如日本 JAXA[1] 的 ALOS-2、加拿大 CSA/MDA[2] 的 RCM、德国 DLR/Astrium[3] 的 TanDEM-L、ESA 的 Sentinel-1 和 BIOMASS,以及美国航空航天局(National Aeronautics and Space

---

[1] JAXA,全称 Japan Aerospace Exploration Agency,即日本宇宙航空研究开发机构。
[2] CSA,全称 Canadian Space Agency,即加拿大国家航天局;MDA,麦克唐纳·迪特维利联合有限公司,即全球最主要的对地观测卫星信息公司之一。
[3] DLR,全称 Deutsches Zentrum für Luft-und Raumfahrt e. V.,即德国航空航天中心;Astrium,即欧洲卫星制造商阿斯特里厄姆公司。

Administration,NASA)和印度空间研究组织(Indian Space Research Organisation,ISRO)合作研发的双频(L/S频段)SAR卫星NISAR等。这些SAR卫星在聚焦模式下的分辨率普遍达到了1m左右,基本具备多极化甚至全极化能力。当前,商业小雷达卫星星座发展快速,从2018年1月12日起,芬兰初创公司ICEYE开始建设超过18星的SAR小卫星星座,已提供0.25m分辨率的产品及视频数据;从2018年12月3日起,美国Capella Space公司开始建设36星的SAR小卫星星座,以实现每小时重访的SAR遥感服务;2020年12月15日起,日本的Synspective公司也开始了25星的SAR小卫星星座的建设。

20世纪70年代中期,中国科学院电子学研究所率先开展了对SAR技术的研究,1979年成功研制了机载SAR原理样机,获得我国第一批雷达图像。我国机载SAR向着高分辨率、多波段、干涉等新技术方面快速发展,国家"863"计划在"十五"期间支持了0.5m高分辨率SAR系统和机载干涉SAR系统的原理研究,"十一五"期间支持了高效能航空SAR遥感应用系统的研发,目标是面向"西部测图""国家自然灾害应急响应"等国家重大工程与应用需求,集成和开发以多波段InSAR为核心、具有自主知识产权、达到世界先进水平的高效能航空SAR遥感集成应用系统,显著提升我国SAR遥感数据获取与处理能力,促进航空SAR遥感产业化发展。

在星载SAR方面,我国于2012年11月发射了首颗民用S波段、VV极化的SAR卫星HJ-1C。随着高分辨率对地观测系统重大专项的实施,2016年8月我国发射了首颗分辨率达到1m的C波段多极化SAR成像卫星高分三号,支持全极化工作模式;高分三号02星和03星已于2021年11月和2022年4月发射,形成的高分三号系列SAR卫星"三星组网"大大提升了卫星的重访和应用能力。2022年1月26日、2月27日成功发射的陆地探测一号01组A/B星,形成我国首个L波段双星干涉SAR编队。同时,我国雷达遥感商业小卫星也发展迅速。2020年12月,我国首颗基于有源相控阵天线的百公斤级(整星质量小于185kg)、1m分辨率、C波段商业SAR遥感卫星海丝一号发射成功。2021年4月,我国发射了Ku波段的首颗网络化智能微波遥感小卫星齐鲁一号。2022年2月,中国电子科技集团公司第三十八研究所和长沙天仪空间科技研究院有限公司研制的"天仙星座"项目首发星巢湖一号成功发射,并与海丝一号成功组网,实现我国商业SAR双星组网运行。

综上所述,60多年来,SAR遥感经历了单波段单极化、多波段多极化、全极化和干涉SAR等阶段,发展成多频、多极化、多角度、多时相的新型SAR成像系统,SAR技术的监测和处理能力都有了很大的提高。随着世界各国和各领域对多元空间信息的需求日益增加,卫星发射技术的成熟,星载SAR技术在对地观测领域的技术革新与实际应用也逐渐变成热点。目前主要SAR卫星参数见表1-1。

表1-1 目前主要SAR卫星参数

SAR系统	COSMO-SkyMed星座	TerraSAR-X	RADARSAT-2	Sentinel-1	ALOS-2/PALSAR-2	高分三号	RADARSAT星座RCM	海丝一号	ICEYE星座	Capella Space星座
国家或机构	意大利	德国	加拿大	欧洲空间局	日本	中国	加拿大	中国	芬兰	美国
发射时间（年-月-日）	2007-6-8	2007-6-15	2007-12-14	2014-4-3	2014-5-24	2016-8-10	2019-6-12	2020-12-12	2018-1-12至今	2018-12-3至今
是否在轨	是	是	是	是	是	是	是	是	是	是
工作波段	X(3.1cm)	X(3.1cm)	C	C	L	C	C	C	X	X
工作频率	9.6GHz	9.65GHz	5.405GHz	5.405GHz	1.27GHz	5.405GHz	5.405GHz	5.405GHz	9.65GHz	9.65GHz
轨道高度	619.6km	514.8km	798km	696km	628km	755km	592.7km	512km	570km	485~525km
侧视方式	左右侧视	右侧视	左右侧视	右侧视	左右侧视	左右侧视	右侧视	/	左右侧视	左右侧视
入射角	20°~60°	20°~55°	10°~60°	18.3°~47°	8°~70°	10°~60°	20°~60°	20°~35°	10°~35°	15°~45°
可选极化方式	SP,DP	SP,DP,FP	SP,DP,FP	SP,DP	SP,DP,FP	SP,DP,FP	SP,DP,FP,CP	SP(VV)	SP(VV)	SP
最快重访周期	3h	11d	24d	6d	14d	1.5d	4d	3d	目标1h	目标1h
空间分辨率	1~100m	1~16m	1~100m	5~40m	1~100m	1~500m	1~50m	1~20m	0.25~20m	0.3~1.2m

注：①SP，单极化；②DP，双极化；③FP，全极化；④CP，简缩极化。

1.3 常用软件简介

1.3.1 SNAP 软件

欧空局在 SEOM(scientific exploitation of operational missions)项目支持下为地球科学观测卫星(主要是 Sentinel 系列卫星)开发免费的、开放源码的工具箱。欧空局将这些工具箱放在科学工具箱开发平台(scientific toolbox exploitation platform, STEP),便于科研人员访问、下载使用该平台相关软件及其文档,与开发人员进行沟通,在科学社区内进行对话,促进成果交流与改进,并为使用科学工具箱培训科学家提供教程和材料。

该工具箱支持 ERS-ENVISAT 任务、Sentinel-1/2/3 任务、一系列官方和第三方任务的科学开发。这些工具箱分别称为 Sentinel-1、Sentinel-2 和 Sentinel-3 工具箱,共享一个称为 Sentinel 应用程序平台(Sentinel application platform, SNAP)的通用架构。它们包含一些历史工具箱的功能,例如之前开发的 BEAM、NEST(Next ESA SAR Toolbox)和 Orfeo Toolbox。SNAP 主界面如图 1-1 所示。

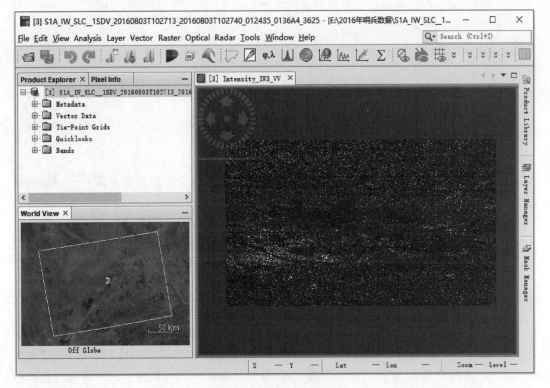

图 1-1 SNAP 主界面

SNAP架构非常适合用于地球观测处理和分析，它具有以下技术创新点：可扩展性、可移植性、丰富的模块化客户端平台、通用地球观测（earth observation，EO）数据抽象模型、分层内存管理和图形处理框架（graph processing framework，GPF）。具体信息参见：http://step.esa.int/main/toolboxes/snap/。

1.3.1.1 SNAP的主要特点

（1）SNAP是所有工具箱的通用架构。

（2）可以实现千兆图像快速显示和导航。

（3）图形处理框架（GPF）：用于创建用户定义的处理链。

（4）高级图层管理：允许添加和操作新的叠加层，例如其他波段的图像、来自WMS服务器或ESRI shapefile的图像。

（5）丰富感兴趣区（ROI）定义，统计数据和各种出图。

（6）简单的波段计算和叠加。

（7）使用灵活的数学表达式。

（8）对常见地图投影进行准确的重投影和正射校正。

（9）使用地面控制点进行地理编码和校正。

（10）自动下载和选择SRTM DEM（digital elevation model，DEM；数字高程模型）。

（11）用于高效扫描和编目大型档案的产品库。

（12）多线程和多核处理器支持。

（13）集成的WorldWind可视化。

1.3.1.2 SNAP中所利用到的技术

（1）NetBeans平台——桌面应用程序框架。

（2）Install4J——多平台安装构建器。

（3）GeoTools——地理空间分析工具库。

（4）GDAL（geospatial data abstraction library，开源栅格空间数据转换库）——栅格、矢量数据的读写。

（5）Jira——问题跟踪器。

（6）Git——版本控制器，由GitHub托管。

1.3.2 PolSARpro软件

PolSARpro是一款开源的教育软件，提供极化SAR数据处理与分析的功能和工具。为了方便新学者进行极化和干涉偏振SAR数据处理，该工具被设置为灵活的环境，提供友好和直观的图形用户界面，使用户能够选择功能，设置其参数并运行软件。该软件为极化和极化干涉雷达信号领域提供了成熟的处理算法，具有可进行深入分析的高级功能，并已广泛应用于作物监测和损害评估、林业地图绘制、土地覆盖、水文（土壤湿度、洪水划分）、海冰监测、海洋和沿海监测(溢油检测)等领域。软件官网：https：// ietr-lab. univ-rennes1. fr/polsarpro-bio/。

PolSARpro 6.0 主界面提供了 Sentinel-1 数据处理、数据批处理、极化数据模拟、极化数据计算等具有不同功能的模块,其中 PolSARpro Bio 模块集成了软件的大部分功能,提供了大量完善的算法和工具,专门用于分析单数据集和多数据集极化 SAR 数据。PolSARpro 6.0 主要界面如图 1-2 所示。

图 1-2　PolSARpro 6.0 主要界面

软件主要结构和功能如下。
(1)环境:允许选择数据集类型并配置处理环境。
(2)导入:可将原始二进制数据集导入并转换为 PolSARpro 兼容的二进制数据。支持大部分星载(ALOS PALSAR、GF-3、RADARSAT-2、TerraSAR-X 等)和机载(AIRSAR、EMISAR、ESAR、Pi-SAR、UAVSAR 等)传感器数据,同时提供矩阵提取功能。
(3)转换:用于将原始极化矩阵类型转化为另一种矩阵类型。
(4)处理:提供了一组用于分析极化 SAR 数据集的实施工具。它为科学利用全极化和多极化数据以及开展相应的遥感应用提供了一整套功能,具体包括矩阵参数提取、极化基变换、极化滤波、极化分解、生物量估计、极化分类、数据分析等功能。
(5)显示:可根据数据文件创建 RGB、BMP 等格式的图像,以便于显示或用于其他应用。
(6)校正:提供校正预处理功能,在处理数据之前校正因雷达系统引起的扰动影响。

1.3.3　ENVI SARscape 软件

ENVI SARscape 是由 sarmap 公司研发的高级雷达图像处理软件(https：// www. sarmap. ch/)。该软件架构于专业的 ENVI 遥感图像处理软件之上,提供图形化操作界面,具有专业雷达图像处理和分析功能,能轻松将原始 SAR 数据进行处理和分析,输出 SAR 图像产品、数字高程模型(DEM)和地表形变图等信息,并可以将提取的信息与光学遥感数据、地理信息集成在一起,全面提升 SAR 数据应用价值。ENVI SARscape 由核心模块、聚焦扩展模块、滤波扩展模块、扫描式干涉雷达处理扩展模块、极化雷达处理扩展模块、干涉叠加扩展模块组成,模块主界面如图 1-3 所示。

ENVI SARscape 模块具有以下特性。
(1)提供 SAR 数据的数据导入、多视、几何校正、辐射校正、去噪、特征提取等基本功能。
(2)利用多时相数据进行斑噪滤波,有效去除斑点噪声。
(3)提供基于多普勒距离方程的严格 SAR 数据几何校正功能,在 DEM 支持下能够实现对 SAR 数据的辐射校正和正射纠正,消除地形对 SAR 数据的影响。

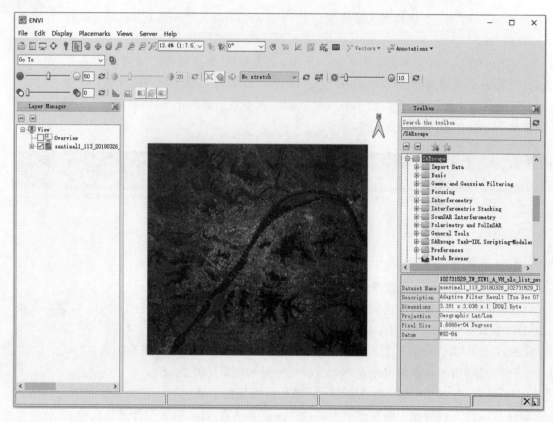

图 1-3　ENVI SARscape 主界面

(4)对于提供卫星轨道信息的 SAR 数据(如 ERS 和 ASAR 等),无需控制点即可进行高精度的正射纠正。

(5)使用交叉相关技术实现多时相 SAR 数据的配准,无需手工选择控制点。

(6)提供基于相位保真的 SAR 原始数据调焦处理功能,能够获取高精度的 SLC 数据。

(7)提供基于 Gamma/Gaussian 分布式模型的滤波核,能够最大限度地去除斑点噪声,同时保留雷达图像的纹理属性和空间分辨率。

(8)可用于 InSAR 和多个通道 D-InSAR 图像,生成干涉图像、相干图像、地面断层图、DEM 等。

(9)支持中分辨率(如 ASAR 宽模式)和高分辨率的 InSAR 和 D-InSAR 数据。

(10)支持极化 SAR 和极化干涉 SAR 数据的处理,可以确定特征地物在地面上产生的毫米级的位移。

(11)专业化软件,功能强大;图形化界面,操作简易;流程化处理,高效简便。

(12)批处理能力:繁杂的处理步骤只通过一个批处理命令就可完成,简化操作。

ENVI SARscape 主要应用于高精度地形数据提取、地表沉降监测(监测内容有地震/火山前后地表形变、城市地面沉降、铁路/地铁沿线地表沉降、采矿区塌陷、地裂缝等)、滑坡/冰川移动监测、目标识别与跟踪、原油泄漏跟踪、作物生长跟踪与产量评估、洪水/火灾和地震的灾害评估、土地覆盖与土地利用变化制图等。

1.3.4 GAMMA 软件

GAMMA 软件是由瑞士 GAMMA Remote Sensing 公司开发和维护的商业软件,支持从合成孔径雷达(SAR)原始数据到最终产品(例如数字高程模型、位移图和土地利用图)的整个处理链(https://www.gamma-rs.ch/)。该软件是一个工具箱,提供广泛的功能以支持用户设置不同的处理任务。GAMMA 软件是用 ANSI-C 编写的,程序可以在命令行上单独运行,也允许以更自动化和更有效的方式运行处理序列的脚本。

GAMMA 可用于处理星载和机载 SAR 数据以及 GAMMA 便携式雷达干涉仪(GPRI)和 GAMMAl 波段 SAR 数据。该软件有四个主要模块,每个模块都由文档化的、结构良好的代码组成,这四个模块分别如下所述。

(1)组件式 SAR 处理器(MSP)。该模块主要包括预处理、带有可选方位预滤波的距离压缩、自动聚焦、方位压缩和多视后处理。

(2)干涉测量、差分干涉测量和地理编码(ISP/DIFF&GEO)。该模块包含生成干涉图、差分干涉图、分束和分谱干涉图、偏移图以及高度、位移和相干图等相关产品所需的全套算法。此外,还支持 SLC 和 GRD 类型产品的辐射定标、图像配准和地理编码,包括地形校正 sigma0 和 gamma 归一化。

(3)土地利用工具(LAT)。该模块支持斑点滤波、极化处理、影像分类与显示、影像镶嵌等处理。

(4)干涉点目标分析(IPTA)。该模块针对选中的目标点的相位进行分析,而不是针对一系列干涉纹图进行完整的二维分析,对于那些超过临界基线距的图像对也可以分析它们的干涉相位。由于该分析能够包含更多的干涉图像对,提高了分析的精度和时相覆盖范围。

1.4 SAR 的应用方向

随着 SAR 传感器技术和 SAR 图像分析处理软件的快速发展,SAR 以其全天时、全天候工作能力及一定穿透性等特点,越来越广泛地被用于灾害、地质、农林、海洋、环境气候等行业领域。

1.4.1 灾害监测

灾害应急与监测是最能凸显 SAR 优势的一个重要应用领域,包括气象灾害(洪涝、台风等)、地质灾害(崩塌、滑坡、泥石流、地震等)、火山爆发等。在恶劣天气条件下,无论昼夜,SAR 都可以及时获取灾区数据,评估灾情状况,指导抢险救灾工作。在洪涝灾害方面,利用多时相 SAR 影像可以提取洪涝分布信息、评估灾情状况、监测灾情变化。在地震灾害中,可利用差分 InSAR 技术获得位移场以估算震源参数,提取地震的同震和余震的地表形变信息,帮助了解分析地震的过程和机制,同样的原理也可以用于监测火山活动。在其他地质灾害方面,差分 InSAR 技术已逐步工程化,用于滑坡等地质灾害隐患的早期识别,大型滑坡的动态监测,采矿、地下水开采等造成的地面沉降的监测。

1.4.2 地质勘探

侧视成像 SAR 图像能提供十分丰富的地质构造、岩性、隐伏地质体等地质矿产信息,尤其在火山、大断裂等地质构造探测,以及构造带控制下的金属矿床探测等方面具有独特的优势。利用 SAR 数据可以分析地貌特征和构造现象,甚至可以对岩体岩性和浅部埋藏地质体进行初步解译,例如提取断裂信息,高精度解译构造走向和分布。目前 SAR 在地质领域的主要应用为地质考古、岩性识别、地质构造探测和矿产勘查。

1.4.3 农林领域

全天时/全天候连续观测能力、对植被一定的穿透力以及干涉 SAR 对指标垂直结构参数的敏感性,使得 SAR 在农业和林业应用方面具有独特的优势。极化 SAR、干涉 SAR、时序监测分析等技术在农林领域也越来越受到关注。SAR 在农业中的应用主要包括农作物分类与识别、农田参数(含水量和地表粗糙度)反演、农作物长势参数反演(叶面积指数、作物高度等)、农作物物候识别、农作物灾害监测、农作物估产等,可以为粮食安全、可持续发展、农业管理等提供决策支持。SAR 在森林树种识别、林地变化检测、森林高度反演、森林蓄积量/生物量估测等方面有着重要应用,可以为有效地管理和保护森林、预防灾害发生提供科学依据。

1.4.4 海洋领域

海岸带和海洋应用领域是 SAR 应用最广泛的领域之一,包括海岸带变迁及环境监测、海上船只监测、海面溢油监测、海冰监测、海浪监测、海流监测、海洋内波探测、海底地形探测等。在海上船只监测方面,依据船只结构特征的差异可以对 SAR 图像中的货船和油船进行分类识别;在海面溢油监测方面,SAR 可以利用油膜对海面波动的抑制造成的后向散射差异进行溢油区域监测;利用 SAR 数据可以进行海冰分类,对海上浮冰进行监测,区分海冰类型,从而对海冰冰情进行评估;在海浪检测方面,SAR 可以反演海浪波谱和有效波高,提取内波边缘特征,反演内波波速、波长和振幅,建立内波参数反演模型。这些应用可服务于海洋环境监测、海洋资源开发、海洋权益维护、海峡航道监测及军事行动。

1.4.5 冰雪监测

冰川和积雪是重要的水资源,在地球系统中扮演重要角色,由于易受到气候变化的影响，可以利用 SAR 对它们进行监测，反演气候水文循环的过程。通过 SAR 图像可以对冰川地貌进行识别和绘图，通过干涉 SAR 技术准确监测冰川运动、冻土消融，还可以对冰川的变化进行动态监测，研究冰川流速与温度、季节、地理位置和地貌条件等多种因素的关系；融雪过程中积雪的后向散射系数会发生变化，根据 SAR 的这一特征可以识别出冰雪的融雪阶段，监测冰雪融化过程。这些应用对掌握冰川和积雪变化规律、找出全球变暖和海平面上升原因等具有重要意义。

2 雷达数据

本章主要介绍雷达遥感数据的存储方式、元数据的内容以及常见雷达数据产品等相关知识以加深对雷达数据的了解和认识,并结合雷达数据示例直观感受雷达数据。

2.1 雷达数据存储

SAR 图像可以看作由像素组成的二维矩阵,每个像素与地球表面的一小块区域(称为分辨率单元)相关联。在地面投影的相应分辨率单元内,SAR 图像的行与方位向相关联,而列与图像距离向相关联。

分辨率单元在方位和斜距坐标上的位置和大小取决于 SAR 系统的特性。以 ERS 卫星为例,SAR 分辨率单元在方位向上约为 5m,距离向上约为 9.5m;相邻单元格的间隔在方位向上约为 4m,距离向上约为 8m。因此,SAR 分辨率单元在方位向与距离向的覆盖范围上都略有重叠。

雷达数据同时记录了地表后向散射信息以及相位信息,通常利用复数形式存储。复数像元值的三种表示形式如下。

代数形式为

$$z = a + ib \tag{2-1}$$

式中:z 为雷达信号复数值;a 为实部;b 为虚部;i 为虚数单位。

三角形式为

$$z = A(\cos\theta + i\sin\theta)$$
$$\cos\theta = \frac{a}{\sqrt{a^2+b^2}}, \sin\theta = \frac{b}{\sqrt{a^2+b^2}}, A = |z| = \sqrt{a^2+b^2} \tag{2-2}$$

式中:θ 为相位角;A 为幅度,即振幅,也称强度。

指数形式为

$$z = Ae^{i\theta} \tag{2-3}$$

式中:θ 为相位角;A 为幅度;e 为自然对数。

以 Sentinel-1 数据为例,利用 SNAP 软件查看雷达数据的实部和虚部信息,如图 2-1 和图 2-2 所示。

不同地物后向散射强度不同,可以通过强度信息来进行目标地物的区分。图 2-3 是一个典型的雷达幅度图。通常,城市建筑和裸露的岩石具有较强的散射强度,在图像中呈现亮色调;而光滑的表面(如平静的水面)散射强度较弱,在图像中呈现暗色调。

相位 φ 可由式(2-4)求出

$$\varphi = \arctan \frac{b}{a} \qquad (2-4)$$

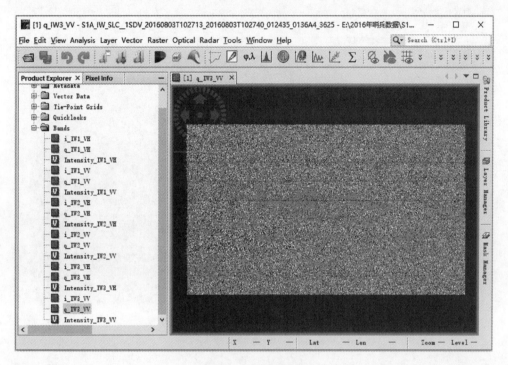

图 2-1 实部信息

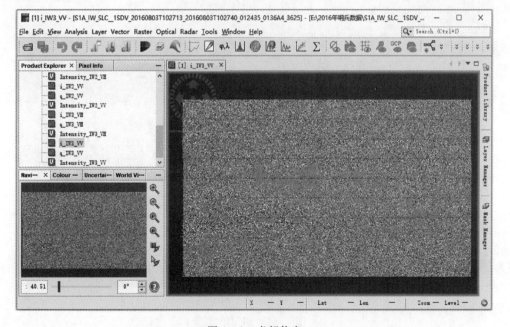

图 2-2 虚部信息

相位包含两个方面信息:斜距信息和地面点的高度信息。利用相位信息可以获取地面的 DEM(图 2-4)。

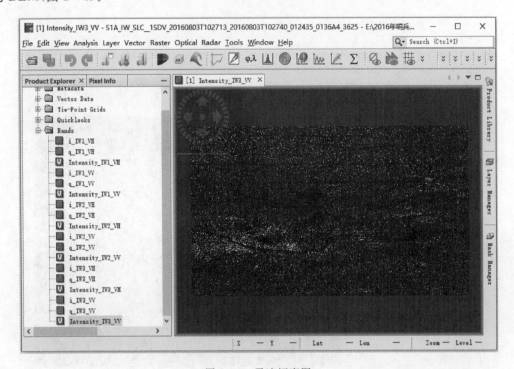

图 2-3 雷达幅度图

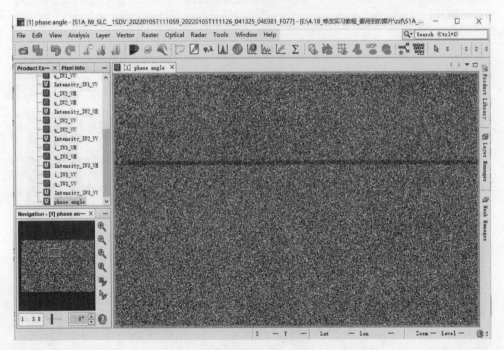

图 2-4 相位信息

2.2 典型雷达数据产品

SAR 常见的数据成像模式有条带（stripmap,SM）、聚束（spotlight,SL）、扫描（ScanSAR）、TOPS（terrain observation by progressive scans,TOPS）等模式。

条带模式是 SAR 图像的基本拍摄模式（图 2-5）。它以入射角固定的波束沿飞行方向推扫成像，主要特点是几何分辨率高、覆盖范围较大、入射角可选，能获取单极化（HH 或 VV）、双极化（HH/VV、HH/HV、VV/HV）、全极化（HH/VV/HV/VH）数据。其数据产品加上精密轨道数据，可以用于重复轨道干涉测量，并获得观测目标区域的数字高程模型。

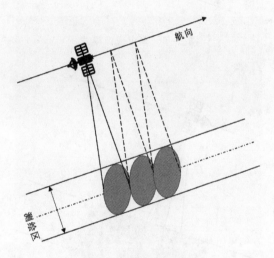

图 2-5 条带成像模式

聚束模式（图 2-6）包括高分辨率聚束式（high resolution spotlight,HS）和常规聚束式（conventional form spotlight,CS），具有可变的距离向分辨率和幅宽大小，CS 和 HS 模式利用电磁波在方位向上的延迟来增加成像时间。雷达合成孔径越大，方位向分辨率越高（HS：单极化 1m、双极化 2m；SL：单极化 2m、双极化 4m），而方位向的幅宽越小。这两种成像模式的主要特点是几何分辨率高、入射角变化范围广。

扫描模式的成像示意图如图 2-7 所示。天线（雷达波束）在成像时沿距离向扫描，使观测范围加宽，同时也将降低方位向分辨率。天线高度随着入射角的不同转换扫描宽度，设计的 ScanSAR 成像模式扫描宽度为 100km，相当于四个连续 stripmap 扫描宽度。这种模式的主要特点是中等几何分辨率，覆盖率高，能够平行获取多个扫描条带的图像，入射角可选，可获取单极化数据（HH 或 VV）。

TOPS 模式是为了解决星载合成孔径雷达（SAR）高分辨率与宽场景测绘能力的矛盾而提出的一种工作模式。该模式通过波束在方位向的快速扫描和距离向的切换，可在短时间

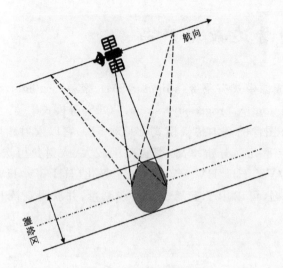

图 2-6 聚束成像模式

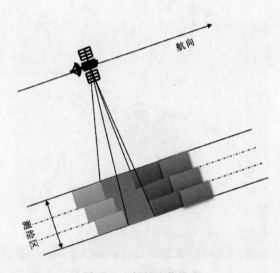

图 2-7 扫描成像模式

内实现大范围观测。为了获得更大的距离向成像宽度,波束在距离向多个子测绘带内按顺序切换;而为了获得更大的方位向场景覆盖宽度,波束在方位向上沿平台运动方向从后至前扫描。进行一次完整方位向扫描称为一个 Burst,所消耗的时间用 T_B 表示。每个测绘带包含多个 Burst。当 SAR 以 TOPS 模式工作时,天线波束先对第一个子测绘带进行一个 Burst,然后快速将波束切换到第二个子测绘带再进行一个 Burst,等对所有的子测绘带都扫描完之后就完成了一个工作周期,所消耗的时间用 T_R 表示。方位向和距离向的宽场景覆盖是由多个连续的工作周期组成的。TOPS 模式在一个工作周期内的工作示意图如图 2-8 所示,其中 V_S 为 SAR 平台的移动速度。

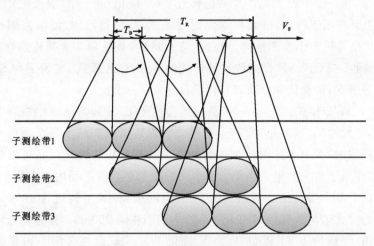

图 2-8 TOPS 模式工作示意图

2.2.1 Sentinel-1 数据

Sentinel-1 是欧空局用于陆地和海洋服务的极地轨道全天候、全天时雷达成像任务。它通过两颗卫星星座来满足重访和覆盖范围要求。Sentinel-1A 于 2014 年 4 月 3 日发射升空，Sentinel-1B 于 2016 年 4 月 25 日发射升空。主要应用包括：北极海冰范围监测、海冰测绘、海洋环境监测；土地变化监测，土壤含水量、产量估计；地震、山体滑坡、城市地面沉降及溢油、洪水淹没等灾害应急响应。

2.2.1.1 Sentinel-1 的四种数据成像模式

(1)条带(stripmap,SM)模式。SM 模式是一种标准的 SAR 条形图成像模式，其中地面区域被连续的脉冲序列照亮，而天线波束指向一个固定的方位角和仰角。在 SM 模式下，仪器以 80km 的扫描宽度提供 5m×5m 几何分辨率的不间断覆盖。六个重叠的地带覆盖 375km。对于每个条带，天线均配置为生成具有固定方位角和仰角的波束，并应用仰角波束来抑制范围模糊。SM 成像模式使用六个预定义的仰角光束之一运行，每个光束具有不同的入射角。SM 模式可用于小岛成像，仅在特殊情况下支持应急管理行动。

(2)干涉宽幅(interferometric wide,IW)模式。IW 模式是陆地上的主要采集模式，可满足大部分业务需求。它以 5m×20m 的空间分辨率(单视)采集长 250km 的数据。IW 模式使用逐行扫描 SAR(TOPSAR)地形观测方式捕获三个子带。在使用 TOPSAR 技术时，除了像 ScanSAR 那样在范围内控制波束外，还可以在每个脉冲串的方位方向上从后到前电子控制波束，避免出现扇形，并在整个扫描带中产生均匀的图像质量。

(3)超宽条带(extra wide,EW)模式。与 IW 模式类似，超宽条带(EW)模式采用 TOPSAR 技术，在比使用五个子条带的 IW 模式更宽的区域上采集数据。EW 模式以 20m×40m 的空间分辨率采集超过 400km 的数据。EW 产品的每个子带都包含一张图像，每个偏振通道包含一张图像,在一个 EW 产品中总共包含五个(单极化)或十个(双极化)图像。

EW 模式主要应用于海冰、极地和其他相关海域,特别是海冰、溢油监测和安全服务等领域。EW 模式也可用于干涉测量,因为它在突发同步、基线和多普勒稳定性方面与 IW 模式具有相同的特性。TOPSAR 模式取代了传统的 ScanSAR 模式,实现了与 ScanSAR 相同的覆盖范围和分辨率,信噪比和分布式目标模糊比几乎一致。

(4)波(wave,WV)模式。Sentinel-1 波模式类似于 ERS 和 Evnisat 波模式,但具有更高的空间分辨率、更大的晕影和"小片段"采集模式。WV 模式产品由几个专门在 VV 或 HH 极化中的小片图组成,每个小片图作为单独的图像处理。WV 模式产品可以包含任意数量的小片图,可能相当于整个数据采集量。每个小插图都包含在产品的一个独立图像中。

WV 模式以 20km×20km 小片段、5m×5m 空间分辨率、沿轨道每 100km 以两个不同的入射角交替的方式采集数据。相同入射角的小插图相隔 200km。条带在近距离和远距离之间交替入射角(分别约为 23°和 36°)。VV 极化 WV 模式是在公海上采集数据的默认模式。WV 模式以与 SM 相同的比特率获取数据,但是由于小片段、单极化和 100km 间隔的感应,数据量要低得多。

2.2.1.2 Sentinel-1 产品级别

对于每一种模式,都可以生产 SAR 的 L0 级、L1 级单视复数(single-look complex,SLC)图像,L1 级地距(ground range detected,GRD)影像和 L2 级海洋的产品。

(1)SAR 的 L0 级产品。SAR 的 L0 级产品由压缩和未聚焦的 SAR 原始数据组成,是生产所有其他高级产品的基础。L0 级数据使用自适应动态量化(flexible dynamic block adaptive quantization,FDABQ)进行压缩,FDBAQ 提供可变比特率编码,可增加分配给明亮散射体的比特数。为了使数据可用,需要使用聚焦软件对它进行解压缩和处理。L0 级数据包括噪声、内部校准和回波源数据包以及轨道和姿态信息。L0 级产品被存储在长期档案中。它们可以在任务生命周期内和空间段操作结束后的 25 年内进行处理以生成任意类型的产品。L0 级产品仅适用于 SM、IW 和 EW 模式的数据用户。

(2)L1 级 SLC 图像产品和 L1 级 GRD 产品。L1 级数据是面向大多数数据用户的产品。L0 级产品(原始数据)可由仪器处理设施(如 IPF 传感器)通过应用各种算法转换为 L1 级产品,这些 L1 级产品构成了一个基准产品,L2 级产品是从该基准产品中派生出来的。

L1 级 SLC 图像产品由聚焦的 SAR 数据组成,使用来自卫星的轨道和姿态数据进行地理参考,并以斜距几何的形式提供。这些产品包括使用完整可用信号带宽保留相位信息的复数样本(实数和虚数)在每个维度上的单一图像。相位信息是时间的函数,根据相位信息和速度可实现距离的测量(可用于测距和形变观测)。

L1 级 GRD 产品由经过探测、多视和使用地球椭球模型 WGS84 投影到地面距离的聚焦 SAR 数据组成。GRD 产品的椭球投影使用产品常规注释中规定的地形高度进行校正。使用的地形高度在方位角上有所不同,但在范围内保持不变。

地面距离坐标是指投影到地球椭球体上的斜距坐标。像素值代表检测到的幅度,其相位信息丢失,所得产品具有近似的方形分辨率像素和方形像素间距,以降低空间分辨率为代价减少散斑。

(3)L2 级 OCN 产品。包含源自 L1 级产品处理获取的地理定位地球物理产品。

2.2.1.3 产品命名

以 MMM_BB_TTTR_YYYYMMDD、THHMMSS_YYYYMMDDTHHMMSS_OOOOOO_DDDDDD_CCCC.SAFE 为例加以说明。

(1)任务标识符(MMM)表示卫星,在 Sentinel-1A 传感器中以 S1A 表示,在 Sentinel-1B 传感器中以 S1B 表示。

(2)模式/波束(BB)为 SM 产品识别 S1-S6 波束,为来自相应模式的产品识别 IW、EW 和 WV。

(3)产品类型(TTT)可以是 RAW、SLC、GRD 或 OCN。

(4)分辨率等级(R)可以是 F(全分辨率)、H(高分辨率)、M(中分辨率),"_"下划线指不适用于当前产品类型。分辨率等级仅用于 GRD 产品。

(5)处理级别(L)可以是 L0 级、L1 级或 L2 级。

(6)产品类别可以是标准(S)或注释(A)。注释产品仅供 PDGS 内部使用,不分发。极化(PP)可以是以下之一:SH(单 HH 极化)、SV(单 VV 极化)、DH(双 HH+HV 极化)、DV(双 VV+VH 极化)。

(7)产品开始和停止日期及时间显示为代表日期和时间的 14 位数字,用字符"T"分隔。

(8)产品开始时间(OOOOOO)的绝对轨道数将在 000001~999999 范围内。

(9)任务数据获取标识符(DDDDDD)将在 000001~FFFFFF 范围内。

(10)产品唯一标识符(CCCC)是通过使用 CRC-CCITT 在清单文件上计算 CRC-16 生成的十六进制字符串。

(11)文件夹扩展名始终为"SAFE"。

2.2.1.4 数据格式

Sentinel 数据产品使用欧洲标准存档格式(SAFE)规范的 Sentinel 特定变体进行分发。SAFE 格式是指在 ESA 地球观测存档设施内存档和传输数据的通用格式。SAFE 被 GMES 产品推荐用于协调全球环境与安全监测(global monitoring for environment and security,GMES)计划。

Sentinel-SAFE 格式包装一个文件夹,其中包含二进制数据格式的图像数据和可扩展标记语言(XML)格式的产品元数据。这种灵活性允许格式具有足够的可扩展性,以表示所有级别的 Sentinel 产品。

Sentinel 产品是指包含信息集合的目录文件夹。

(1)一个"manifest.safe"文件包含 XML 格式的一般产品信息。

(2)包含各种二进制格式图像数据的测量数据集子文件夹。

(3)包含 PNG 格式的"quicklooks"、L0 级 KML 格式的 Google 地球叠加层和 HTML 预览文件的预览文件夹。

(4)包含XML格式的产品元数据和校准数据的注释文件夹。

(5)包含描述产品的XML模式支持子文件夹。

所有处理级别（L0级、L1级和L2级）的产品均以Sentinel-SAFE格式交付。使用SNAP打开"manifest.safe"文件，可以看到产品包含：元数据、矢量数据、连接点网格数据、快视图和波段数据。

元数据包含主要数据信息和原始产品数据信息。主要数据信息包含产品名、数据类型、产品等级、卫星、成像模式、轨道状态、成像时间、经纬度、极化方式、行列数等。

连接点网格数据包含经纬度、入射角和倾斜角的数据。

2.2.2 RADARSAT-2数据

RADARSAT-2于2007年12月14日发射，该卫星具有出色的图像获取能力及性能，可根据指令在左视和右视之间切换，这不仅缩短了重访周期，而且增加了获取立体成像的能力。除了重访间隔缩短、数据接收更有保证和图像处理更加快速外，RADARSAT-2可以提供多种波束模式，包括2种高分辨率模式和3种极化模式，使运行更加灵活和便捷。

2.2.2.1 数据结构

RADARSAT-2生成的基本产品包含一个产品信息文件、一个或多个图像数据文件、支持文件。RADARSAT-2产品的组成如图2-9所示：

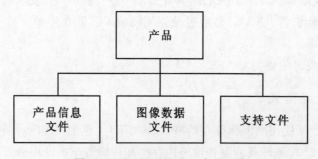

图2-9 RADARSAT-2产品组成

(1)产品信息文件。产品信息文件是一个ASCII文件，可对产品上的已知信息进行逻辑分组。例如，可对与产品相关的源、图像生成和图像信息进行分组。产品信息文件以XML格式编码。

(2)图像数据文件。所有RADARSAT-2产品都包含一个或多个图像像素数据文件。可以包括一个、两个或四个图像像素数据文件，分别对应于单极化模式、双极化模式或四极化模式。每个文件都包含给定的极化光栅SAR图像。

(3)支持文件。RADARSAT-2产品的支持文件包括：①为RADARSAT-2产品查看提供信息的"Readme"文件；②描述产品许可的许可文件；③对产品信息文件施加约束的XML架构文件。

此外，还可能包括其他支持文件。

(a)TIFF 格式的低分辨率浏览图像。

(b)XML 格式的输出缩放查找表(lookup table,LUT)文件包含在地理参考产品中(不包含地理校正产品)。这些 LUT 文件允许将图像像素值从图像数据文件中提供的数字转换为 sigma-nough、beta-nough 或 gamma 值的物理单位(取决于所使用的 LUT)。该转换通过对 SAR 图像像素值应用恒定偏移和范围相关增益来完成。

(c)KML 文件用于在 Google Earth 中显示产品覆盖范围的边界框。其目的不是提供产品的准确地理位置信息。

2.2.2.2 产品级别

1)地理参考级

SLC：单视复数(single-look complex,SLC)图像产品，采用单视处理，保留了 SAR 相应信息，以 32 bit 复数形式记录图像数据。只有单波束模式(除窄幅扫描和宽幅扫描外的其他成像模式，下同)的数据可以生成 SLC 图像产品。该产品面向具有相当处理水平和处理条件的用户。

SGF：SAR 地理参考精细分辨率(SAR georeferenced fine resolution,SGF)产品。只有单波束模式的数据可以生成 SGF 产品。标准模式、宽模式、超低和超高模式的产品输出像元大小为 12.5m×12.5m，精细模式的产品输出像元大小为 6.25m×6.25m。图像数据类型为 16 bit 无符号整型。

SGX：SAR 地理参考超精细分辨率(SAR georeferenced extra-fine resolution,SGX)产品，与 SGF 产品相仿，唯一的区别是 SGX 采用更加小的像元尺寸，因而产品的数据量较大。

SGC：SAR 地理参考粗分辨率(SAR georeferenced coarse resolution,SGC)产品，与 SGF 产品相仿，唯一的区别是 SGC 采用更加大的像元尺寸，因而产品的数据量较小。

SCN：窄幅 ScanSAR(ScanSAR narrow beam,SCN)产品，图像的像元尺寸为 25m×25m，数据类型为 8 bit 无符号整型。

SCW：宽幅 ScanSAR(ScanSAR wide beam,SCW)产品，图像的像元尺寸为 50m×50m，数据类型为 8 bit 无符号整型。

2)地理编码级

SSG：SAR 地理编码系统校正(SAR systematically geocoded,SSG)产品，在 SGF 产品的基础上进行了地图投影校正。只有单波束模式的数据可以生成 SSG 产品。SSG 产品的图像数据为 16 bit 或 8 bit 无符号整型。

SPG：SAR 地理编码精校正(SAR precision geocoded,SPG)产品，与 SSG 产品相仿，不同之处在于采用地面控制点对几何校正模型进行修正，从而大大提高了产品的几何精度。

Radarsat-2 卫星参数如表 2-1 所示。

表 2-1 Radarsat-2 卫星参数

波束模式	产品	标称像元间距（距离×方位）/m	标称分辨率（距离×方位）/m	标称幅宽/km×km	标称入射角/(°)	视数	极化方式
聚束模式（spotlight）	SLC	1.3×0.4	1.6×0.8	18×8	20~54	1×1	可选单极化（HH/HV/VV/VH）
	SGX	1 或 0.8×1/3	(2.0~4.6)×0.8				
	SGF	0.5×0.5					
	SSG、SPG						
超精细（ultra-fine）	SLC	1.3×2.1	1.6×2.8	20×20	20~54	1×1	
	SGX	1×1 或 0.8×0.8	(2.0~4.6)×2.8				
	SGF	1.56×1.56					
	SSG、SPG						
宽幅超精细（wide ultra-fine）	SLC	1.3×2.1	1.6×2.8	50×50	29~50	1×1	
	SGX	1.0×1.0	(2.0~3.3)×2.8				
	SGF	1.56×1.56					
	SSG、SPG						
多视精细（multilook fine）	SLC	2.7×2.9	3.1×4.6	50×50	30~50	1×1	
	SGX	3.13×3.13	(6.8~10.4)×7.6			2×2	
	SGF	6.25×6.25					
	SSG、SPG						
宽幅多视精细（wide multilook fine）	SLC	2.7×2.9	3.1×4.6	90×50	29~50	1×1	
	SGX	3.13×3.13	(6.8~10.8)×7.6			2×2	
	SGF	6.25×6.25					
	SSG、SPG						
超宽精细（extra-fine）	SLC	2.7×2.9	3.1×4.6	125×125	22~49	1×1	
	SGX	2.0×2.0	(4.1~8.4)×4.6				
	SGF	3.13×3.13					
	SSG、SPG						

续表 2-1

波束模式	产品	标称像元间距（距离×方位）/m	标称分辨率（距离×方位）/m	标称幅宽/km×km	标称入射角/(°)	视数	极化方式
精细 (fine)	SLC	4.7×5.1	5.2×7.7	50×50	30~50	1×1	可选单极化或双极化（HH/HV/VV/VH 或 HH+HV/VV+VH）
	SGX	3.13×3.13	(6.8~10.4)×7.7				
	SGF	6.25×6.25					
	SSG、SPG						
宽幅精细 (wide fine)	SLC	4.7×5.1	5.2×7.7	150×150	20~45	1×1	
	SGX	3.13×3.13	(7.3~14.9)×7.7				
	SGF	6.25×6.25					
	SSG、SPG						
标准 (standard)	SLC	(8 或 11.8)×5.1	(9 或 13.5)×7.7	100×100	20~52	1×1	
	SGX	8.0×8.0	(17.3~26.8)×24.7			1×4	
	SGF	12.5×12.5					
	SSG、SPG						
宽模式 (wide)	SLC	11.8×5.1	13.5×7.7	150×150	20~45	1×1	
	SGX	10.0×10.0	(19.2~40)×24.7			1×4	
	SGF	12.5×12.5					
	SSG、SPG						
扫描窄模式 (ScanSAR narrow)	SCN、SCF、SCS	25×25	(38~81)×60	300×300	20~46	2×2	
扫描宽模式 (ScanSAR wide)	SCW、SCF、SCS	50×50	(73~163)×100	500×500	20~49	4×2	
高入射角 (extended high)	SLC	11.8×5.1	13.5×7.7	75×75	49~60	1×1	单极化（HH）
	SGX	8.0×8.0	(15.9~18.2)×24.7			1×4	
	SGF	12.5×12.5					
	SSG、SPG						
低入射角 (extended low)	SLC	8.0×5.1	9.0×7.7	170×170	10~23	1×1	
	SGX	10.0×10.0	(23.3~52.7)×24.7			1×4	
	SGF	12.5×12.5					
	SSG、SPG						

续表 2-1

波束模式	产品	标称像元间距（距离×方位）/m	标称分辨率（距离×方位）/m	标称幅宽 /km×km	标称入射角 /(°)	视数	极化方式
精细全极化（fine quad-pol）	SLC	4.7×5.1	5.2×7.6	25×25	18~49	1×1	全极化（HH+VV+HV+VH）
	SGX	3.13×3.13	(6.8~16.5)×7.6				
	SSG、SPG						
宽幅精细全极化（wide fine quad-pol）	SLC	4.7×5.1	5.2×7.6	50×25	18~42	1×1	
	SGX	3.13×3.13	(7.8~17.3)×7.6				
	SSG、SPG						
标准全极化（standard quad-pol）	SLC	(8或11.8)×5.1	(9或13.5)×7.6	25×25	18~49	1×1	
	SGX	8×3.13	(17.7~28.6)×7.6				
	SSG、SPG						
宽幅标准全极化（wide standard quad-pol）	SLC	(8或11.8)×5.1	(9或13.5)×7.6	50×25	18~42	1×1	
	SGX	8×3.13	(16.7~30.0)×7.6				
	SSG、SPG						

2.2.3 TerraSAR-X 数据

TerraSAR-X 卫星由德国空间中心（German Aerospace Center,DLR）和欧洲航空防务航天公司（European Aeronautic Defence and Space,EADS）的分公司 Astrium 公司合作开发,其设计目标为:提供高质量、多模式的 X 波段 SAR 数据以进行科学研究,在欧洲建立一个商业的对地观测市场。TerraSAR-X 卫星上安装了一系列中心频率为 9.65GHz 的 X 波段天线,脉冲频率为 300~150MHz。卫星在距地 514km 的极地轨道上围绕地球运转,重访周期为 11 天。

2.2.3.1 成像模式

TerraSAR-X 卫星参数如表 2-2 所示。

表 2-2 TerraSAR-X 卫星参数

卫星种类	高分辨率 X 波段商业 SAR 卫星
维护公司	德国:Infoterra GmbH 公司（日本:PASCO 公司）
轨道类型	太阳同步轨道
轨道高度	524.8km

续表 2-2

重访周期	11d
轨道周期	94.85min
侧视方向	左右侧视
特点	·高分辨率(1m); ·全天时、全天候; ·X波段获取信息

2.2.3.2 产品种类

TerraSAR-X 的基本产品种类有四种:SSC、MGD、GEC 和 EEC。

1)单视斜距复图像(single look slant range complex,SSC)

雷达信号聚焦形成的基本单视产品,是最基本的图像,包含振幅和相位信息,保持原始数据的几何特征,不包含坐标信息。雷达的亮度信息未作加工,适用于干涉计算和极化研究。数据格式为 DLR COSAR 的二进制格式。主要用于科学研究,例如 SAR 干涉测量和全极化测量。

2)多视地距探测(multilook ground range detected,MGD)产品

对 SSC 数据进行多视处理,图像上的距离比率与实际地点间的距离比率一致,可利用 WGS-84 模型和平均地形高程投影到地面。图像坐标沿飞行方向和距离方向定位。图像中没有地理坐标信息,没有插值和图像旋转校正,像素定位精度低于地理编码类产品,并且只有角点和中心点附带坐标说明,不能用于干涉计算。数据格式为 XML+GeoTiff。

3)地理编码椭球校正(geocoded ellipsoid corrected,GEC)产品

对 MGD 数据进行多视、WGS-84 椭球校正和重采样得到 GEC 产品。投影种类有通用横轴墨卡托投影(universal transverse mercator projection,UTM 投影)和通用极球面投影(universal polar stereographic projection,UPS 投影)。像素定位精度的变化取决于地形,陡峭的角度和地貌会引起明显误差。可选择空间增强或辐射增强产品。由于该产品在山区地形容易产生变形,可进行几何校正。数据格式为 XML+GeoTiff。

4)增强椭球校正(enhanced ellipsoid corrected,EEC)产品

对 GEC 数据进行地形校正后的产品,可有效地改善图像的几何畸变,像素定位准确(达到米级,但效果取决于 DEM 质量)。目前使用的 DEM 数据为 90m 网格的 SRTM 数据。投影种类有 WGS-84 坐标系、UTM 投影和 UPS 投影。该产品为基本产品中最高几何校正级别产品,能够快速解译信息并与其他信息融合。数据格式为 XML+GeoTiff。

2.2.3.3 TerraSAR-X 产品结构

TerraSAR-X 分发的数据包是一个文件集合,图 2-10 列出了数据文件目录结构和文件名。文件集合以"任务(mission)_传感器(sensor)_产品种类(product variant)_分辨率种类

(resolution variant)_成像模式(imaging mode)_极化模式(polarisation mode)_天线接受模式(antenna receive configuration)_成像开始 UTC 时间(UTC start time)_成像结束 UTC 时间(UTC stop time)"的方式命名。例如,TSX1_SAR_AAA_BBBB_CC_D_EEE_xxxxxxxxTxxxxxx_yyyyyyyyTyyyyyy,其代表意义如表 2-3 所示。

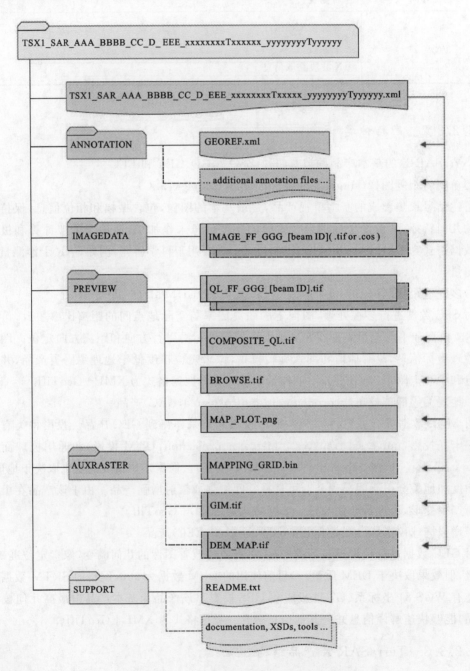

图 2-10　TerraSAR-X L1b 产品文件目录结构

表 2-3 TerraSAR-X 产品命名规则

字段	含义	内容
AAA	产品级别	SSC、MGD、GEC、EEC
BBBB	分辨率级别	RE_、SE_
CC	工作模式	SM、SC、SL、HS
D	极化模式	S、D、T、Q
EEE	天线接收模式	SRA、DRA
xxxxxxxxTxxxxxx	UTC 开始时间	YYYYMMDDThhmmss
yyyyyyyyTyyyyyy	UTC 结束时间	YYYYMMDDThhmmss

数据包包括以下几个文件格式：①". xml"文件为头文件；②". tif"为 Tiff 和 GeoTiff 图像；③". cos"为 COSAR 图像格式；④". ras"为二元的栅格数据文件。另外，还包括". jpg"". gif"". txt"格式的文件。

2.2.4 高分三号卫星数据

高分三号卫星是我国首颗分辨率达到 1m 的 C 波段多极化合成孔径雷达（SAR）卫星，于 2016 年 8 月发射。高分三号卫星是高分辨率对地观测系统重大专项"形成高空间分辨率、高时间分辨率、高光谱分辨率和高精度观测的时空协调、全天候、全天时的对地观测系统"实现目标的重要组成部分，能够获取可靠、稳定的高分辨率 SAR 图像，能够高时效地实现不同应用模式下 1～500m 分辨率、10～650km 幅宽的微波遥感数据获取，清晰地分辨出陆地上的道路、一般建筑和海面上的舰船。

高分三号卫星包括一种滑动聚束成像模式、六种条带成像模式（超精细条带、精细条带 1、精细条带 2、标准条带、全极化条带 1、全极化条带 2）、三种扫描成像模式（窄幅扫描、宽幅扫描、全球观测成像模式）、一种波成像模式、两种扩展入射角成像模式等（图 2-11、表 2-4），共 12 种成像模式。每种模式有各自的成像指标，多种成像模式可以自由切换，既可以探地，又可以观海，达到"一星多用"的效果。

滑动聚束模式是一种新颖的 SAR 成像模式，它通过控制天线辐照区在地面的移动速度来控制方位分辨率，其成像的面积比聚束 SAR 大，并且其分辨率可以高于相同天线尺寸条带 SAR 的分辨率。它可以在高分辨率和大面积成像中做出更好的权衡，图像也不会产生扇贝效应，因此是一种比较有应用价值的工作模式。高分三号卫星在该模式下能够实现分辨率 1m、成像面积 10km×10km 的成像。滑动聚束模式兼具了条带式以及聚束式的特点。聚束式 SAR 的波束始终指向成像景物，可以对景物进行长时间的观测，从而获得较高的方位分辨率。该模式适用于对景物进行精细成像。

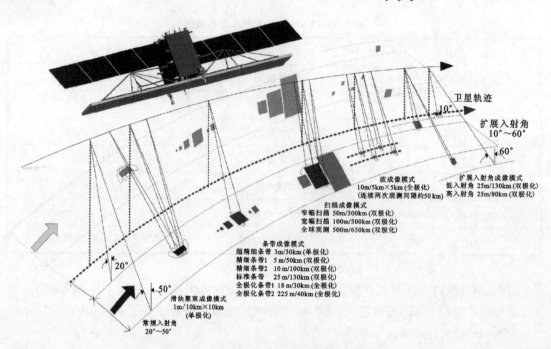

图 2-11　高分三号卫星各成像模式示意图

表 2-4　高分三号卫星成像模式

成像模式		分辨率/m			成像幅宽/km		入射角范围/(°)	视数（方位向×距离向）	极化方式
中文名	英文名	标称	方位向	距离向	标称	范围			
滑动聚束模式	SL	1	1.0~1.5	0.9~2.5	10	10	20~50	1×1	单极化
超精细条带模式	UFS	3	3	2.5~5.0	30	30	20~50	1×1	单极化
精细条带模式1	FS1	5	5	4~6	50	50	19~50	1×1	双极化
精细条带模式2	FS2	10	10	8~12	100	95~110	19~50	1×2	双极化
标准条带模式	SS	25	25	15~30	130	95~150	17~50	3×2	双极化
波成像模式	WAVE	10	10	8~12	5	5	20~41	1×2	全极化
全球观测成像模式	GLOGAL	500	500	350~700	650	650	17~53	4×2	双极化
窄幅扫描模式	NSC	50	50~60	30~60	300	300	17~50	2×3	双极化
宽幅扫描模式	WSC	100	100	50~110	500	500	17~50	2×4	双极化

续表 2-4

成像模式		分辨率/m			成像幅宽/km		入射角范围/(°)	视数（方位向×距离向）	极化方式
中文名	英文名	标称	方位向	距离向	标称	范围			
全极化条带2	QPS2	25	25	15～90	40	35～50	20～38	3×2	全极化
全极化条带1	QPS1	8	8	6～9	30	25～35	20～41	1×1	全极化
扩展入射角模式(低)	EXTENDED	25	25	15～30	130	120～150	10～20	3×2	双极化
扩展入射角模式(高)		25	25	25～30	80	70～90	50～60	3×2	双极化

2.2.4.1 数据模式

(1)滑动聚束模式：观测海面溢油现场尺度、岛礁的位置、面积、建筑物、地上交通线、重要水利工程、泥石流，进行城市规划监测、风景名胜区监测、经济普查与经济活动调查、统计重大项目投资监测、人口普查与城市住户调查、边境反恐监测、全球敏感区域监测、城市规划编制。

(2)超精细条带模式：观测海岸工程、风暴潮漫滩、舰船尾迹；舰船检测、舰船监视、溢油监测、水环境动态监测与评价、滑坡泥石流监测、水土保持、交通运输用地信息提取、地震构造调查、地震形变监测、地震灾害评估。

(3)精细条带1模式：对海冰、冰山、海面溢油、洪涝、农牧林用地、生态格局进行监测。

(4)精细条带2模式：进行冰凌或海冰、堰塞水体、森林资源相关地类识别，开展农业普查，对海岸带变迁、浅海地形、内波波长、波向、波速、振幅、深度进行监测。

(5)标准条带模式：对积雪范围、干旱范围、海冰监测、湖泊藻类、海洋藻类、海冰类型、冰区航道、海面溢油区域、锋面涡的位置、舰船、海浪进行监测。

(6)全极化条带1模式：进行农业普查统计、城市建设专题信息提取。

(7)全极化条带2模式：对积雪范围、干旱范围、海冰、湖泊藻类、海洋藻类进行监测。

(8)窄幅扫描模式：对旱情、近海海冰、水体进行监测。

(9)宽幅扫描模式：对海冰外缘线、雪覆盖、雪深、极冰进行监测。

(10)全球观测模式：对冰融化阶段、内波、土壤水分、海面溢油、旱情、环境应急、极地冰川进行监测。

(11)波成像模式：对海面风场风速、风向、水体、旱情、波长、波高、波向进行监测。

(12)扩展入射角模式：对船舶、溢油、海冰、海岸带、海洋维权、海洋环境保护和防灾救灾进行监测。

2.2.4.2 单景产品组成

单景产品包括未作几何投影的L1级图像数据文件、RPC参数几何定向文件、图像元数据文件、入射角文件、浏览图和拇指图等(表2-5)。

表2-5 单景产品组成

序号	名称	文件格式	说明
1	SAR的L1级图像数据文件	TIFF	图像数据文件、RPC参数文件、图像元数据文件、浏览图和拇指图以景号为唯一标识
2	RPC参数几何定向文件	RPB/RPC	
3	图像元数据文件	XML	
4	入射角文件	XML	
5	浏览图	JPEG	
6	拇指图	JPEG	

2.2.4.3 高分三号产品级别

高分三号卫星数据包括L0～L3级标准产品及L4级行业应用产品,标准产品的生产是高分三号卫星数据应用必不可少的处理步骤,它是生成四级行业应用产品的前提。具体产品生成过程如下。

(1)L0级产品聚焦处理。SAR传感器接收的原始信号为RAW数据(L0级),需要利用聚焦算法对它进行成像处理以便生成斜距单视复数图像(SLC图像,L1级)。SLC图像是用户常用的一种数据产品类型。

(2)L1级辐射定标产品生产。由于多种误差源的存在,SLC数据存在辐射误差,为能精确反映地物回波特性,需要进行辐射定标处理,将输入信号转化为雷达后向散射系数。

(3)L1级多视产品生产。SLC数据为单视复数据,为提高图像的视觉效果,同时提高对每个像元后向散射的估计精度,需要进行多视处理,即对目标的多个独立样本进行平均叠加。多视处理一方面使图像几何特征更接近地面实际情况,另一方面也在一定程度上降低了斑点噪声(在降低噪声的同时降低了空间分辨率)。

(4)L1级图像配准产品生产。在采用多个时相数据时,需要进行多时相图像配准。常用的配准方法主要有相干系数法、最大干涉频谱法、平均波动函数法、基于相位和基于强度的最小二乘法等。

(5)L1级斑点噪声滤波产品生产。SAR系统是相干系统,相干斑噪声是SAR图像的固有现象。相干斑噪声的存在严重影响了SAR图像的地物可解译性,因此需要进行斑点噪声滤波处理。常用的SAR滤波器通常指空间滤波器,主要有Lee滤波器、Frost滤波器、Kuan滤波器以及GammaMAP滤波器等。针对多时相数据,还可以采用多通道滤波器或多时相滤波器进行斑点噪声滤波处理。

(6)L1级强度图像产品生产。强度特征是SAR图像最主要的特征之一,基于SAR强度图像可以提取地物信息,因此需要将SAR复数图像数据转换为SAR强度图像数据。

(7)L1级极化特征产品生产。地物电磁特性与电磁波的极化方式有着密切的关系,同一目标在不同极化方式下会产生不同的回波信号,不同地物对极化的响应能力不同,利用不同极化的电磁波对地物进行观测,能够得到更加丰富的地物信息。全极化SAR不仅可以提供HH、HV、VH和VV四种极化的强度图像,还可以通过目标极化分解得到表征目标散射或几何结构信息的极化特征,进一步增强地物信息提取能力。

(8) L2 级地理编码产品生产。L2 级地理编码产品通常指椭球地理编码校正(GEC)产品,GEC 将地球表面简化为一个椭球面。根据卫星下传的姿轨数据,对 L1 级图像数据进行几何定位、地图投影、重采样后的数据产品为 L2 级地理编码产品。通常采用基于 RD 定位模型的几何校正处理方法进行地理编码。

(9) L3 级地理编码产品生产。要很好地应用 SAR 数据就必须在 L2 级地理编码产品基础上进行几何精校正,生成 L3 级地理编码产品,即地理编码地形校正(geocoded terrain corrected,GTC)产品,GTC 利用数字高程表面模型作为真实地球表面或利用控制点对定位模型进行参数优化。

(10) L4 级行业应用产品生产。包括海洋、减灾、水利、气象及其他多个行业应用产品生产等。

2.3 雷达图像元数据

元数据(metadata),又称中介数据、中继数据,是描述数据的数据。元数据的作用:①描述数据属性的信息,用来支持指示存储位置、历史数据、查找资源、记录文件等;②元数据算是一种电子式目录,为了达到编制目录的目的,必须描述并收藏数据的内容或特色,进而达成协助数据检索的目的。

SAR 元数据中包含主要数据信息和原始产品数据信息。主要数据信息包含:产品名、数据类型、产品等级、卫星、成像模式、轨道状态、成像时间、经纬度、极化方式、行列数等。接下来以 Sentinel-1 卫星为例查看其元数据信息,如图 2-12 所示。

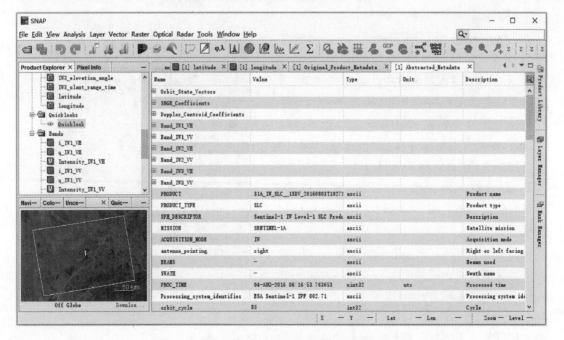

图 2-12 Sentinel-1 元数据信息

2.4 雷达数据示例

武汉市 Sentinel-1 双极化 SAR 数据如图 2-13 所示,该图像成像时间为 2018 年 3 月 26 日,成像模式为干涉宽幅(IW)模式,多视处理后距离向和方位向分辨率约为 20m。图像中城区建筑呈现高亮色调,水体呈现暗色调,植被的色调介于两者之间。此外,在不同极化中地物表现也有所差异,建筑物在 VV 极化图像上比在 VH 极化图像上更加明显。

(a) VV (b) VH

图 2-13 武汉市 Sentinel-1 双极化 SAR 数据

武汉市中心城区高分三号卫星全极化 SAR 图像如附图 1 所示,成像时间为 2018 年 10 月 21 日,成像模式为全极化条带 1 模式,方位向和距离向的分辨率约为 8m。高分三号卫星全极化条带 1 模式主要应用于农业普查统计、城市建设专题信息提取等。全极化 SAR 图像有四个通道(HH、VV、VH、HV),图中为对其 Pauli 分解后所得的 PauliRGB 彩色图像。与双极化和单极化相比,全极化 SAR 图像极化信息更加丰富。

图 2-14 为高分三号卫星滑动聚束(SL)模式下武汉市天兴洲区域的 SAR 图像,方位向和距离向的分辨率约为 1m,成像时间为 2016 年 8 月 17 日。从该图像中,可以清晰地看到天兴洲大桥以及从天兴洲两侧的江面上驶过的船只、船尾的水流。

图 2-14 武汉市天兴洲高分三号卫星聚束模式图像

3 雷达图像特性与处理

本章在分析雷达图像几何特性的基础上,详细介绍多视处理、滤波去噪、斜距转地距、地理编码等雷达图像的常用预处理操作,为后续雷达图像解译和分析打基础。

3.1 几何特征分析

3.1.1 侧视成像引起的图像翻转

SAR 卫星系统采用主动式侧视成像模式。SAR 卫星系统绕地球运转的轨道为近极地太阳同步轨道,其轨道倾角在 90°左右,飞行方向接近南北向。通常情况下,当卫星系统近于从南向北飞行时,称为升轨;从北向南飞行时,称为降轨。SAR 卫星系统向着与飞行方向垂直的右下侧观测成像时称为右视,反之在左下侧观测成像时,称为左视。大部分 SAR 卫星系统采用右视观测成像,如 TerraSAR-X、Sentinel-1A、Sentinel-1B。SAR 卫星系统升降轨和左右视观测将影响最终的成像结果,见表 3-1。

表 3-1 轨道方向、左右视与成像特征

升降轨	左右视	成像特征
升轨	右视	上下倒置
升轨	左视	上下、左右倒置
降轨	右视	左右倒置
降轨	左视	正常

3.1.2 侧视成像引起的几何畸变

SAR 卫星系统采用侧视成像的工作模式,因此,局部入射角的大小会显著影响图像特性。如图 3-1 所示,S 表示雷达卫星,H 表示卫星飞行高度。局部入射角大小关系为 $\theta_1 < \theta_2 < \theta_3$,作用在 SAR 图像上的入射角越小,亮度越高。与此同时,SAR 侧视成像特点会使图像出现显著的几何畸变。研究发现主要存在的几何畸变包括:近距离压缩、阴影、叠掩(顶底倒置)、透视收缩。

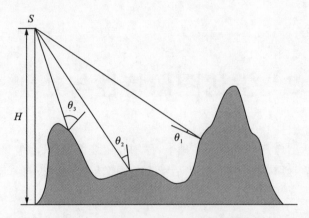

图 3-1 地形与入射角的关系示意图

3.1.2.1 近距离压缩

雷达系统获取的斜距图像是雷达与目标之间的直接度量,由于斜距图像上各目标点对应的入射角不同,目标点之间的相对距离与目标点之间的实际地面距离比例不同,图像会出现近距离压缩现象。地距图像则是斜距在地平面的投影。如图 3-2 所示,其中 S 表示雷达卫星,H 表示卫星飞行高度,A 和 B 表示两个宽度相等的地面目标物,并分别位于雷达卫星的近距点、远距点。在地距图像上,A 和 B 两个目标物分别成像于 A_1 和 B_1,两个目标物的宽度相等。在斜距图像上,A 和 B 两个目标物分别成像于 A_2 和 B_2。由于目标物 A 的入射角小于目标物 B,A_2 的宽度明显小于 B_2,位于近距点的目标物 A 比位于远距点的目标物 B 的成像压缩现象严重。

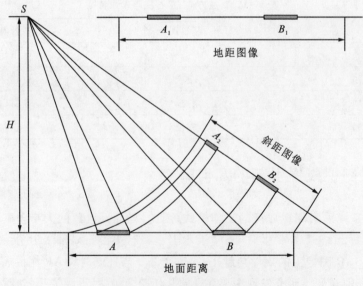

图 3-2 近距离压缩示意图

近距离压缩是雷达影像在距离向呈图像压缩的几何失真现象,由于局部入射角处处不相等,在距离向上的像素分辨率处处不同;靠近星下点的目标成像压缩现象明显,远离星下点的目标压缩现象不明显;如果对山地成像,即便是地距显示也不能保证图像无几何形变。

3.1.2.2 阴影

图 3-3 为 2019 年 8 月 13 日获取的覆盖河北张家口蔚县的 Sentinel-1 图像,在该图像中可以根据不同强度的后向散射信号轻易识别出山坡走向,其中较暗的阴影区凸显了山脉的整体走势。阴影区虽然没有雷达信号返回,丢失了不少信息,但是阴影产生的明暗效应有效增强了图像立体感,使它成为一种很好的观测方向和地形信息的指示器。

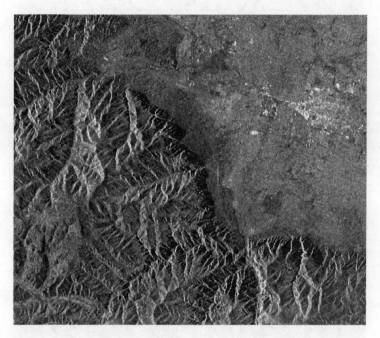

图 3-3 SAR 图像阴影现象示例(Sentinel-1B,成像时间 2019 年 8 月 13 日)

地形起伏变化较大的山坡或者高大建筑物的背面由于接收不到雷达信号,在图像相应位置会产生雷达阴影,即呈现暗区。雷达阴影的出现及其宽度大小与地形后坡坡度和雷达俯角的相对大小有关。如图 3-4 所示,A、B、C 和 D 为四个高度(h)相等且后坡坡度(α)相等的小山坡。在斜距图像上,四个小山坡的后坡分别成像于 A_1、B_1、C_1 和 D_1。山坡 A 的后坡坡度(α)小于对应的雷达俯角,A_1 处没有产生阴影。山坡 B 的后坡坡度(α)等于雷达俯角(β),B_1 处阴影的产生与后坡粗糙度密切相关,若后坡如图中所示为光滑表面,则产生阴影;若有起伏,则部分地方存在回波信号。山坡 C、D 的后坡坡度(α)均大于各自对应的雷达俯角,C_1 和 D_1 处均产生阴影,且由于山坡 C 的雷达俯角大于山坡 D 的雷达俯角,山坡 C 的阴影区域范围明显小于山坡 D 的阴影区域范围。由此可知,距离雷达天线越远,雷达俯角越小,阴影宽度越大。

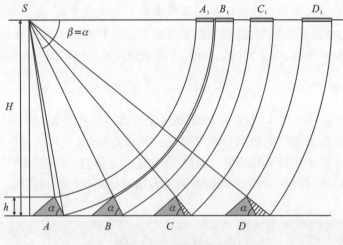

图 3-4 阴影示意图

3.1.2.3 叠掩

SAR 图像叠掩现象如图 3-5 所示。该图像为 2021 年 9 月 20 日获取的覆盖河北保定易县的 Sentinel-1 数据,主要为地形复杂的山区,图像中叠掩现象主要出现在亮度较大的区域,叠掩现象的出现加大了雷达图像解译和判读的难度。

图 3-5 SAR 图像叠掩现象示例图

在地形起伏较大的山区和高层建筑区,当坡度与雷达俯角之和大于 90°时(即局部入射角为负值时),山顶和楼顶部分的回波信号比来自山脚和楼底部分的回波信号更早被雷达接收记录,在雷达图像的距离向形成顶底倒置即叠掩现象。如图 3-6 所示,A、B、C 和 D 为四个高度(h)相等、前坡坡度(α)相等的小山坡。在斜距图像上,四个小山坡的前坡分别成像于 A_1、B_1、C_1 和 D_1。山坡 A、B 的前坡坡度(α)与各自对应的雷达俯角(β)的和均大于 90°,A_1 和 B_1 处均产生叠掩现象,且由于山坡 A 的雷达俯角大于山坡 B 的雷达俯角,山坡 A 的叠掩区域范围明显大于山坡 B 的叠掩区域范围。山坡 C 的前坡坡度(α)与对应的雷达俯角(β)的和约等于 90°,该山坡坡顶和坡底在地距图像上成像接近于同一点 C_1。反之,山坡 D 的前坡坡度(α)与雷达俯角(β)的和小于 90°,D_1 没有产生叠掩现象。由此可知,距离雷达天线越近,雷达俯角越大,叠掩现象产生的可能性越大。

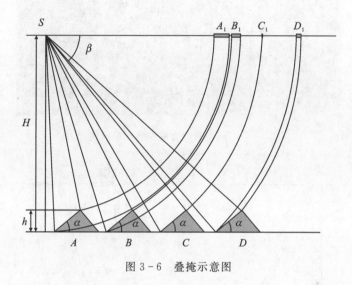

图 3-6 叠掩示意图

3.1.2.4 透视收缩

SAR 图像透视收缩现象如图 3-7 所示。该图像为 2021 年 9 月 20 日获取的覆盖河北保定涞源县的 Sentinel-1 数据,图像主要为地形复杂的山区,图像中透视收缩现象主要出现在亮度较大的前坡区域,前坡因为显著的透视收缩现象比后坡表现得更加陡峭,亮度也更大。

雷达图像中面向雷达波束的山坡坡面长度按比例计算后总比实际长度要短,这种现象称为透视收缩,归根结底还是距离压缩现象。如图 3-8 所示,A 和 B 为两个小山坡,在斜距图像上,两个山坡的前后坡 a、b、c 和 d 分别成像于 a_1、b_1、c_1 和 d_1。山坡 A 的前坡坡面 a 的入射角为零,前坡坡面 a 的回波集中到一点 a_1,出现最大透视收缩现象。山坡 A 的后坡坡面 b 在地距图像上的成像范围显著大于前坡坡面 a 的成像范围,但仍小于实际后坡坡面 b 的成像范围,出现轻微的透视收缩。虽然山坡 B 的前后坡 c 和 d 的实际坡面长度相等,但是在地距图像上,前坡 c_1 的坡面长度明显小于后坡 d_1 的长度,前坡的透视收缩现象比后坡明显。综上所述,雷达图像上前坡总是比后坡距离压缩明显,在强度图像中前坡表现得更短、更陡、更亮,而后坡则更缓、更暗。

图 3-7　SAR 图像透视收缩现象示例图

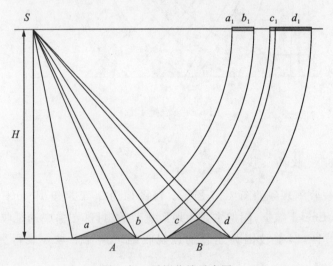

图 3-8　透视收缩示意图

3.2　多视处理

合成孔径雷达视线向和方位向观测的分辨率并不相同,多视处理是指对 SLC 图像数据在方位向和(或)距离向做平均,得到多视处理后的强度数据。多视处理后的 SLC 图像,以牺牲空间分辨率为代价来提高数据的辐射分辨率。

多视处理通常有两种方法:一种是处理器带宽不变,成像后在图像上采用平均相邻分辨单元灰度的办法降低相干斑噪声;另一种是在距离向或方位向通过降低处理器带宽,将其频谱分割成若干段分别成像,然后对多视子图像进行非相干叠加,降低相干斑噪声。

本节以覆盖武汉市部分区域的 Sentinel-1 数据(数据获取时间:2021-8-13)为示例,展示多视处理效果。所用软件为欧空局开发的用于 Sentinel 卫星数据处理的免费开源软件 SNAP。我们获取的是 IW 模式的 SLC 图像,图像一般由三个测绘子带构成,每个子带包含九个"burst",幅宽约 250km。为了提高处理效率,仅选取图像的部分覆盖范围进行展示。

下面详细介绍 SNAP 进行多视处理的基本步骤。

SNAP 的操作界面如图 3-9 所示,根据实验需求,经过如图 3-10～图 3-12 所示的 Split、Deburst 和 Subset 预处理后,得到大小为 1502 行×2392 列的待处理图像,如图 3-13 (a)所示。

图 3-9 SNAP 操作界面图

图 3-13 所示为多视处理参数面板。在 Processing Parameters 面板分别设置距离向和方位向视数。为了尽可能使结果的距离向和方位向的分辨率相当,这里设置视数为 4:1,参数设置完成后,点击 Run 执行操作,得到的多视结果如图 3-14(b)所示,多视后得到的图像大小为 1502 行×598 列。图 3-14(c)为对应的光学图像,由于选取的为升轨右侧视数据,

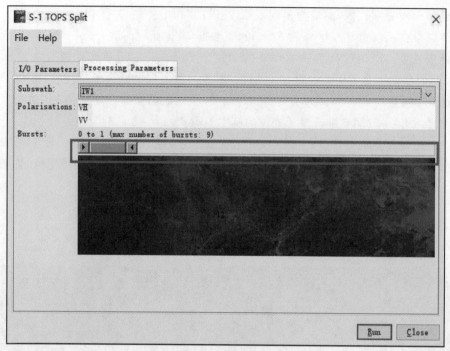

(a) I/O Parameters面板

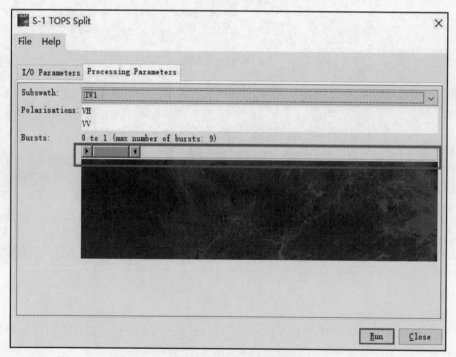

(b) Processing Parameters面板

图 3-10 Split 处理参数面板

3 雷达图像特性与处理

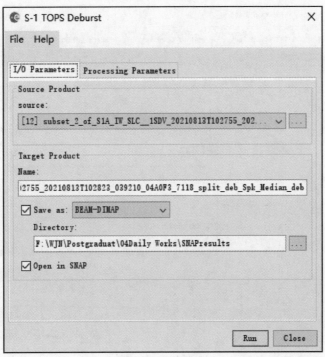

(a) I/O Parameters面板

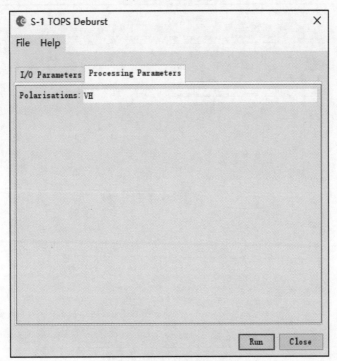

(b) Processing Parameters面板

图 3-11 Deburst 处理参数面板

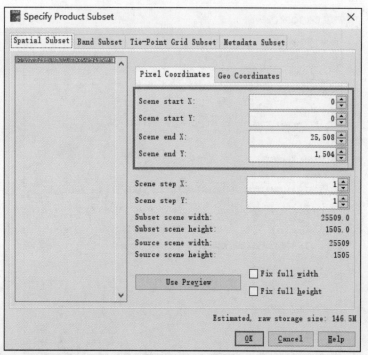

(a) I/O Parameters面板

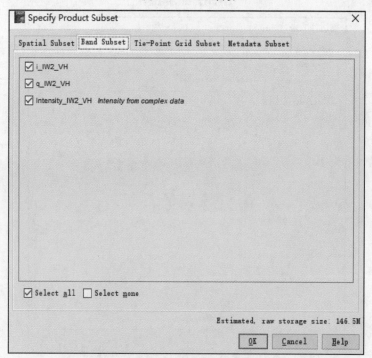

(b) Processing Parameters面板

图 3-12 Subset 处理参数面板

3 雷达图像特性与处理

因此 SAR 图像在视觉上呈现为上下翻转的特点。通过图 3-14(a)、(b)图像多视处理前后对比可以看出来,多视处理后,一定程度上消除了相干斑噪声的影响,地物目标略显清晰。

(a) I/O Parameters面板

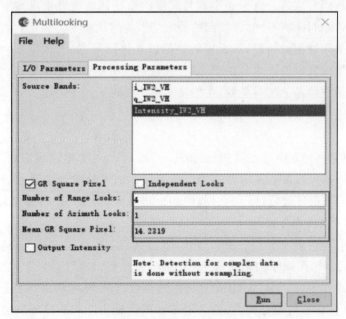

(b) Processing Parameters面板

图 3-13 多视处理参数面板

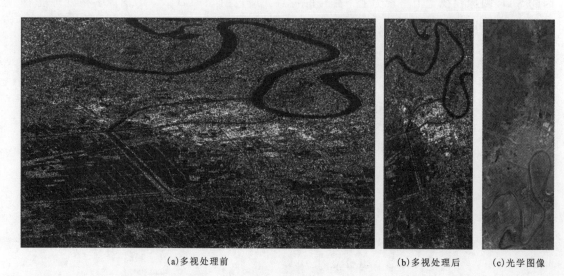

(a)多视处理前　　　　　　　　　　　(b)多视处理后　(c)光学图像

图 3-14　多视效果图及光学图像

3.3　滤波去噪

合成孔径雷达(SAR)基于相干原理成像,一幅 SAR 图像是通过对来自连续雷达脉冲的回波进行相干处理而形成的。由于一个波长尺度的雷达回波信号来自多个基本散射体,而不同散射体与雷达之间距离不同,接收到的回波信号虽然在频率上相干,但是在相位上已经不是相干的。如果回波相位一致,那么接收到的就是强信号;如果相位不一致,那么接收到的就是弱信号。这种现象的产生是由于 SAR 成像系统所基于的相干原理,像素间回波强度差异大。因此这种现象是无法避免的,在图像上具体表现为相干斑噪声。

相干斑噪声是一种乘性噪声,其模型为

$$I(x,y) = R(x,y) \cdot F(x,y) \tag{3-1}$$

式中:(x,y) 为图像坐标系中的方位向、斜距向坐标;$I(x,y)$ 为雷达观测到含有相干斑噪声的散射信息;$R(x,y)$ 为未被噪声污染的随机地面目标的雷达散射信息,也就是我们期望的反射信息;$F(x,y)$ 为信号衰减过程中引起的相干斑噪声,与 $R(x,y)$ 独立且均值为 1,方差 $\text{var}(F)$ 与图像的多视视数有关。

相干斑噪声在图像上表现为一种颗粒状、黑白点相间的纹理。相干斑噪声的存在导致 SAR 图像的信噪比低,图像结构信息易丢失,给图像分类、目标监测、定量信息提取等图像解译工作造成困难。因此,在对 SAR 图像进行判读前,首先要对它进行预处理,消除相干斑噪声。在对 SAR 图像进行预处理前,除了要最大限度地去除相干斑噪声之外,还要尽可能地保留图像的细节以及边缘信息的完整性。多视处理是降低相干斑噪声的一种方法,但该方法较大地降低了图像的空间分辨率。除此之外,目前常用的相干斑抑制方法主要分为空间域和变换域两类降斑滤波。本节主要介绍典型的空间域滤波方法,有中值滤波、Frost 滤波、Gamma-Map 滤波、Lee 滤波、Lee-Sigma 滤波等。

本部分选取几种典型的空间域滤波算法,对算法原理进行具体介绍,借助 SNAP 进行降噪处理,展示不同算法的降噪效果。选取的示例数据为 2021 年 8 月 13 日覆盖武汉市部分区域的 Sentinel-1 数据。由于选取的是 Sentinel-1 升轨数据,因此原始 SAR 图像在视觉上呈现上下翻转的特点。图像的翻转现象对降噪效果并无影响,所以此处仍按照升轨视角展示。

下面是关于几种典型滤波算法原理的基本介绍。

3.3.1 中值滤波

本质上讲,中值滤波是一种按照排序完成去噪过程的滤波器应用方法,该方法的工作原理是将平滑窗口内的像素按像素值由高到低进行排列。在图像处理过程中,中值滤波提取所有像素的像素中间值作为中心像素点处理后的灰度值,从而达到去除图像噪声的目的,使周围的像素值接近。中值滤波能够有效孤立相干斑噪声,但是中值滤波器存在边缘模糊、消除细节特征等问题,一定程度上会造成图像失真及纹理等细节信息损失。

在 SAR 图像的中值滤波器去噪实验过程中,需要使用二维滤波函数,该函数的输出表示为

$$g(x,y) = \mathrm{med}\{f(x-k,y-l),(k,l \in w)\} \quad (3-2)$$

式中:$g(x,y)$ 为滤波后的图像;$f(x,y)$ 为带噪图像;w 为滤波窗口。常用的滤波窗口大小有 3×3、5×5、7×7 等模板。

3.3.2 Frost 滤波

Frost 滤波是一种使用局部统计的按阻尼指数循环的均衡滤波器。滤波器利用图像的邻域信息,将所求像素点一定范围内的像素值进行加权求解。基于最小均方差的准则,得到 Frost 滤波器的表达公式

$$\hat{R}(x,y) = \sum_i \sum_j m(x+i,y+j)I(x+i,y+j) \quad (3-3)$$

式中:(x,y) 为需要被去噪的像素点的坐标;i,j 为在一定大小的窗口内 (x,y) 的偏移量;$m(x+i,y+j)$ 为像素值的权重;$I(x+i,y+j)$ 为对应位置的像素值,随着距离的增大而减小。

因此,图像上某个像素点的像素估计值是对含噪图像中一定大小窗口内所有像素值的加权平均。

像素权重的计算方法为

$$m(x+i,y+j) = K_1 \alpha \exp[-\alpha \mid t \mid] \quad (3-4)$$

式中,K_1 为滤波参数,其中 K 为归一化常量。滤波器对图像的处理效果通过改变参数 K_1 的值来进行调节,K_1 值越大图像的平滑效果越好,值越小边缘信息保留越详细。因此,Frost

滤波同样存在边缘信息模糊与细节丢失的现象,不适用于邻域间区别较大的异质性区域。

3.3.3 Gamma-Map 滤波

Gamma 分布下最大后验概率(Gamma-Map)滤波是指一种采用最大后验概率,并使用 Gamma 分布描述真实图像统计概率的滤波器算法。Gamma-Map 滤波直接依赖于斑点和真实图像的统计分布,其算法的具体输出公式为

$$\hat{x} = \left[(\alpha-L-1)\bar{I} + \sqrt{\bar{I}^2(\alpha-L-1)^2 + 4\alpha L\bar{I}}\right]/2\alpha \tag{3-5}$$

其中,参数 α 的表达式为

$$\alpha = (1 + C_u^2)/(C_l^2 - C_u^2) \tag{3-6}$$

式中:$C_l = \sigma_l/\bar{I}$,σ_l 和 $\bar{I}$ 依次代表滤波窗口中像素点的标准差与平均值;$C_u^2 = 1/L$,其中 L 为等效视数。

当待处理图像为单视图像时,式(3-5)会发生偏差,其对应的单视图像的无偏 Gamma-Map 估计表达式为

$$\hat{x} = \left[(\alpha-2)\bar{I} + \sqrt{\bar{I}^2(\alpha-2)^2 + 8\alpha\bar{I}}\right]/2\alpha \tag{3-7}$$

由于采用 Gamma-Map 滤波时直接从观察图像的样本区域中估计 Gamma 先验分布的参数,此算法应用于高分辨率 SAR 图像时会存在一些缺点,如不能有效保留均匀区域的点目标,不能有效保留两侧灰度差异小的弱边缘,同时不能较为彻底地滤除两侧灰度差异大的强边缘上的斑点等。

3.3.4 Lee 滤波

Lee 滤波是利用图像局部统计特性进行图像斑点去噪的典型方法之一。该方法是基于完全发育的乘性噪声模型,选择一定长度的窗口作为局部区域,以最小均方差为依据设计的一种滤波方法。Lee 滤波的基本表达式为

$$\bar{R}(t) = \bar{I}(t) + w(t)[I(t) - \bar{I}(t)] \tag{3-8}$$

式中:$\bar{R}(t)$ 为图像去噪后的图像值;$\bar{I}(t)$ 为噪声去除窗口的数学期望;$w(t)$ 为权重系数,其具体函数表达式为

$$w(t) = 1 - \frac{C_u^2}{C_I^2(t)} \tag{3-9}$$

式中,C_u 和 $C_I(t)$ 分别为噪声斑 u_t 与图像 $I(t)$ 的标准差系数,其表达式为:

$$C_u = \frac{\sigma_u}{\bar{u}} \tag{3-10}$$

$$C_I(t) = \frac{\sigma_I(t)}{\bar{I}(t)} \tag{3-11}$$

式中:σ_u 和 $\bar{u}$ 分别为噪声斑 $u(t)$ 的标准差与均值,$\sigma_I(t)$ 为图像 $I(t)$ 的标准差。

3.3.5 Lee-Sigma 滤波

Lee-Sigma 滤波基于高斯分布的 Sigma 概率,通过对滤波窗口落在中央像素的两个

Sigma 范围内的像素进行平均来去除图像上的相干斑噪声。假设 95.5% 的随机样本在其均值的两个标准偏差范围内,对于给定均值 μ 和方差 σ^2 的高斯分布概率密度函数,两个 Sigma 的范围是 $(\mu-2\sigma, \mu+2\sigma)$。那么,可事先计算出所有灰度级的 Sigma 范围并存储在数组中,对于滤波窗口内的中央像素,从数组中提取出 Sigma 范围值,将窗口内的像素值与提取到的上下限进行比较,对在上下限范围内的像素进行平均,并用平均值来代替中央像素的值,落在两个 Sigma 范围外的像素值将被忽略。

假设 $z(i,j)=x(i,j)\times v(i,j)$ 为图像像素值,其中用 $x(i,j)$ 表示图像的无噪声像素值,$v(i,j)$ 为与 x 无关的伪噪声。对于以 (i,j) 为中心、大小为 $(2N+1)\times(2N+1)$ 的滤波窗口 W 来讲,均匀像素值的范围为 $z(i,j)-2\sigma_v z(i,j) \leqslant g \leqslant z(i,j)+2\sigma_v z(i,j)$。用 $\delta(k,l)$ 表示滤波窗口内的范围,则当 δ 满足上述条件时,值为 1;否则,δ 的值为 0。因此,Sigma 滤波算法关于像素值 $x(i,j)$ 的估计表达式为

$$\hat{x}(i,j) = \frac{\sum_{k=i-N}^{i+N}\sum_{l=j-M}^{j+M}\delta(k,l)z(k,l)}{\sum_{k=i-N}^{i+N}\sum_{l=j-M}^{j+M}\delta(k,l)} \tag{3-12}$$

式(3-12)表示由乘性噪声的 Sigma 滤波器定义的条件平均值的运算结果。如果没有其他窗口像素落在两个 Sigma 范围内,则引入一个阈值 K_s,当落在 Sigma 范围内的像素总数小于或等于该阈值时,则用中间像素的四个相邻像素的平均值来代替。

通过 SNAP 工具栏中 Speckle Filtering-Single Product Speckle Filter 可完成滤波处理。参数面板如图 3-15 所示,可以通过 Processing Parameters 面板的 Filter 选择滤波器的类型,通过 Window Size 并根据需要调整滤波窗口的大小,在此处我们均按照 7×7 的窗口大小进行滤波。本节共选择了上述五种经典滤波算法分别对 SAR 图像进行处理,结果如

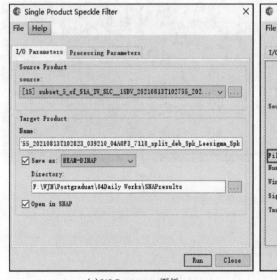
(a) I/O Parameters 面板

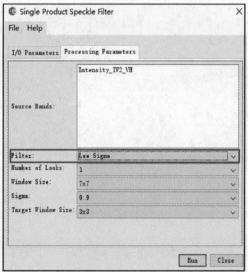
(b) Processing Parameters 面板

图 3-15 Single Product Speckle Filter 参数面板

图 3-16(b)~(f)所示。通过对滤波结果的比较可以看出,几种滤波方法都很好地消除了相干斑噪声。其中,Lee 滤波和 Gamma-Map 滤波的效果相对较好;中值滤波的效果相对较差,其保持图像边缘信息的能力有限;Lee-Sigma 滤波图像局部区域像素均值的改变比较大;Frost 滤波在此次实验中去噪能力表现一般。

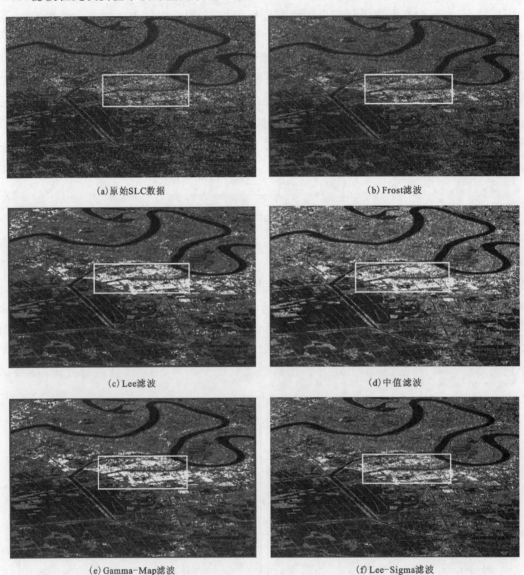

(a) 原始SLC数据　　　　　　　　　(b) Frost滤波

(c) Lee滤波　　　　　　　　　(d) 中值滤波

(e) Gamma-Map滤波　　　　　　　　　(f) Lee-Sigma滤波

图 3-16 滤波效果图

3.4 斜距转地距

斜距图像是 SAR 系统侧视成像的原始记录结果。斜距图像作为 SAR 传感器与地面目标间的直接度量,往往存在几何失真现象,因此通常将斜距图像转为地距图像,即将 SAR 传感器与地面目标间的斜距转换为 SAR 系统星下点到地面目标的地距。

3.4.1 斜距转地距原理

SAR 图像沿距离向可以分辨的两点间的最小距离称为距离向分辨率。SAR 系统以一定时间间隔发射特定波长的微波脉冲,脉冲回波在目标和 SAR 天线之间传播的时间决定了目标在距离向的位置。假设微波脉冲长度为 L,其值等于脉冲宽度 τ 与光速 c 的乘积,两个目标点在距离向上相距长度为 d。SAR 系统要识别两个目标点需要满足: $d > L/2$。因此,SAR 图像的斜距分辨率 R_s 为

$$R_s = \frac{L}{2} = \frac{\tau c}{2} \tag{3-13}$$

SAR 图像的距离向分辨率通常采用地距分辨率 R_r 表示,如图 3-17 所示,当 SAR 卫星入射角为 θ 时,地距分辨率与斜距分辨率的转换关系为

$$R_r = \frac{R_s}{\sin\theta} = \frac{L}{2\sin\theta} = \frac{\tau c}{2\sin\theta} \tag{3-14}$$

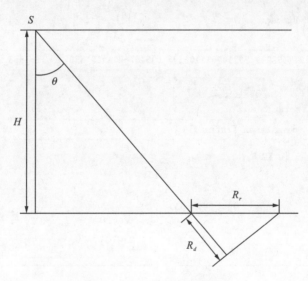

图 3-17 斜距转地距示意图

3.4.2 斜距转地距处理

本书利用 SNAP 8.0.0 软件对覆盖河南省许昌市的一景 Sentinel-1A 图像进行斜距转地距的处理。

该 Sentinel-1A 图像成像时间为 2021 年 9 月 1 日,数据成像模式为 IW,极化方式为 VV。此外,像素空间采样大小(azimuth sample spacing × range sample spacing)为

13.97m×2.33m,图像局部入射角约 31.3°,图像中心经纬度为 113.70°E,34.02°N,图像大小为 650 行×650 列。

(1)打开工具栏 Radar/Geometric/Slant Range to Ground Range/,弹出 Slant Range to Ground Range 窗口。

(2)在 I/O Parameters 面板中,点击"…"设置源文件(Source Product:source),按照默认参数设置目标文件名(Target Product:Name),目标文件格式(Target Product:Save as)为 BEAM-DIMAP(图 3-18)。

图 3-18 斜距转地距输入参数设置

(3)在 Processing Parameters 面板中,源波段(Source Bands)选择 Intensity_IW1_VV。多项式阶数(Warp Polynomial Order)可选择 4,插值方法(Interpolation Method)可选择 Cubic interpolation(图 3-19)。

(4)点击 Run,执行 Slant Range to Ground Range 处理。该工具的主要处理流程(见 SNAP 软件 Help/Help Content/Geometric/Slant Range to Ground Range)为:①根据多项式阶数,建立一个斜距转地距的多项式;②根据该多项式计算斜距相应位置处的地距像素;

3 雷达图像特性与处理

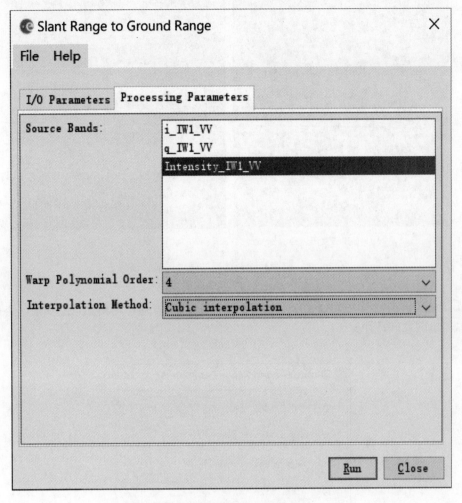

图 3-19 斜距转地距参数设置

③根据设置的插值方法计算地距像素值。

斜距转地距前后的强度图对比结果如图 3-20 所示,斜距图像转为地距后,图像大小变为 650 行×645 列,像素空间采样大小为 13.97m×4.49 m。此外,与斜距图像相比,地距图像更为清晰。由于 SNAP 软件中斜距转地距处理自动将 range sample spacing 从 2.33m 修改为 4.49m(处理结果和输入数据的距离向像素数量相当),相当于对斜距转地距结果做了视数约为 2 的多视处理。

若实验数据是 Sentinel-1 数据,也可以打开工具栏 Radar/Geometric/Sentinel-1 TOPS/S-1 SLC to GRD,完成斜距转地距,这里不做详细介绍。

ENVI 软件中的斜距转地距可以设置输出结果的 Output pixel size 参数。利用上述 Sentinel-1A 图像的操作流程如下:首先打开/Radar/Generic Slant-to-Ground Range 下的 Slant Range Correction Input File 面板,在 Select Input File 中选择目标文件,点击 OK 按

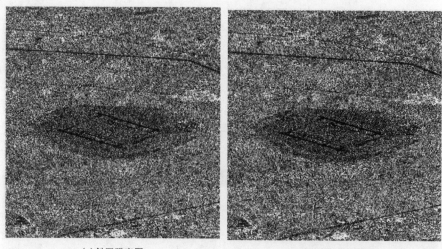

(a)斜距强度图　　　　　　　　(b)地距强度图

图 3-20　斜距转地距前后的强度图对比结果

钮;然后弹出 Slant to Ground Range Parameters 面板,各参数设置如图 3-21 所示;最后点击 OK,完成斜距转地距。

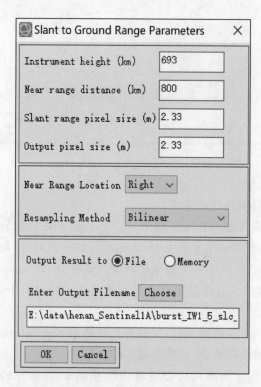

图 3-21　ENVI 斜距转地距参数设置

ENVI斜距转地距的强度图如图3-22所示,斜距图像转为地距后,图像大小变为650行×1296列,像素空间采样大小为13.97m×2.33 m。当然,可以通过修改图3-21中的Output pixel size参数,输出与SNAP处理一致的结果,如图3-20(b)所示。

图3-22 ENVI斜距转地距强度图

3.5 地理编码

为了将SAR图像中的目标与地面目标一一对应,便于进行解译和判读,需要建立几何模型,将图像数据从雷达坐标系转换到统一的地理坐标系,这一过程可以称为地理编码。几何模型一般可以分为基于SAR信号处理的严格成像模型(距离-多普勒模型)与基于摄影测量的非严格成像模型(共线方程模型)。其中距离-多普勒模型从SAR成像机理出发,其定位精度高于共线方程模型。因此,本书主要介绍基于距离-多普勒模型的地理编码方法。

3.5.1 地理编码原理

如图3-23所示,SAR传感器飞行方向为方位向,垂直于SAR传感器飞行的方向为地距向。SAR天线在垂直于飞行方向的一侧以一定角度向地面发射微波脉冲波束,脉冲波束方向为斜距向。SAR图像原始数据记录的就是与地面目标作用后的脉冲回波信号。在SAR图像中,像素坐标采用行列号(r,c)表示,该雷达坐标系的原点位于图像的左上角,图像行方向对应方位向,列方向对应斜距向。由于SAR卫星沿轨道方向飞行时,地面目标与卫星之间存在相对运动,SAR接收到的脉冲回波信号会产生多普勒频移。如图3-24所示,P为地面目标点,t时刻SAR卫星开始从S_1飞向S_2。SAR卫星从S_1到S_3为一个完整的多普勒历程,其中S_1S_2和S_2S_3的距离相等,地面目标P与SAR卫星S_1、S_2、S_3处的斜距分别为R、R_0、R。假设地面目标点$P(x_0,y_0,z_0)$对应SAR图像上的点$P'(r_0,c_0)$,那么根据

SAR 成像几何关系,我们可以利用距离-多普勒模型建立 SAR 图像坐标与目标地理坐标之间的关系,即实现雷达坐标系 $P'(r_0, c_0)$——距离-多普勒方程(t, R)——地理坐标系 $P(x_0, y_0, z_0)$ 的转换。

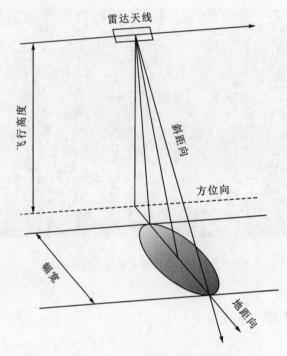

图 3-23　SAR 侧视成像示意图

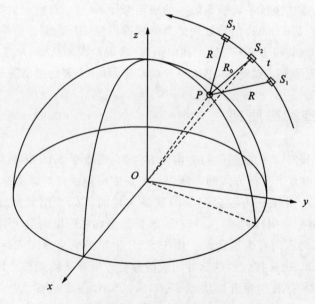

图 3-24　SAR 成像几何图

从 SAR 成像几何关系出发,用距离-多普勒模型构造距离方程、多普勒频率方程和地球模型方程共三个方程来表达 SAR 图像坐标与目标地理坐标之间的定位关系。

(1)距离-多普勒距离方程。SAR 卫星到地面目标点的斜距 R 为

$$R = |R_S - R_P| = |(x_S, y_S, z_S)^T - (x_P, y_P, z_P)^T| = |(\Delta x, \Delta y, \Delta z)^T| \tag{3-15}$$

式中:$R_S = (x_S, y_S, z_S)^T$ 为卫星的位置矢量;$R_P = (x_P, y_P, z_P)^T$ 为目标点的位置矢量;$(\Delta x, \Delta y, \Delta z)^T$ 为卫星与目标点之间的向量差。

(2)多普勒频率方程。卫星波束通过目标时,多普勒频率 f_D 为

$$f_D = -\frac{\lambda}{2} \frac{(v_S - v_P)(R_S - R_P)}{|R_S - R_P|} \tag{3-16}$$

式中:$v_S - v_P$ 为 SAR 卫星与目标间的相对速度矢量;λ 为波长。

(3)地球模型方程。目标点在空间直角坐标系中满足如下地球模型方程

$$\frac{X_P^2 + Y_P^2}{(a+h)^2} + \frac{Z_P^2}{b^2} = 1 \tag{3-17}$$

式中:a 和 b 分别为参考椭球的长、短半轴;h 为椭球表面目标点的高程。

将上述三个方程联立,可以解算 SAR 图像坐标对应的地理坐标值。常用的解算方法包括直接定位法和间接定位法。直接定位法是指直接从 SAR 图像坐标出发,解算图像坐标对应地理坐标的过程。间接定位法与之相反,是指从地面目标点的地理坐标出发,在 DEM 数据的辅助下,找出对应的 SAR 图像坐标。

3.5.2 地理编码实验

在 SNAP 软件中直接定位法可以通过 Radar/Geometric/Ellipsoid Correction 椭球校正工具实现,该工具包括 Average Height Range-Doppler 和 Geolocation-Grid 两种实现方法。两种方法均不需要 DEM 辅助,Average Height Range-Doppler 方法用平均高程代替 DEM,Geolocation-Grid 方法则利用源产品中的斜距时间连接点计算斜距。

间接定位法则通过 Radar/Geometric/Terrain Correction 地形校正处理工具实现。该工具包括 Range-Doppler Terrain Correction 和 SAR-Simulation Terrain Correction 两种实现方法。两种方法均需要 DEM 辅助,不同的是 SAR-Simulation Terrain Correction 方法还可通过地面控制点(ground control point,GCP)进一步提高地理编码精度,且该方法目前主要适用于 ASAR(IMS,IMP,IMM,APP,APM,WSM)、ERS(SLC,IMP)、RADARSAT-2 以及 TerraSAR-X 产品数据。

本书利用 SNAP 8.0.0 软件对覆盖河北保定市的一景 Sentinel-1B 图像进行上述方法的地理编码实验。该 Sentinel-1B 图像成像时间为 2019 年 8 月 13 日,数据成像模式为 IW,极化方式为 VV,图像分辨率为 13.9m×3.35m(方位向×距离向),图像中心经纬度为(114.921°E,39.808°N),图像大小为 1500 行×6000 列。以方位向和距离向为 1×4 的多视因子对该图像进行多视处理,获取分辨率约为 13.6m×13.6m 的 SAR 多视强度图,图像大小变为 1500 行×1500 列,如图 3-25 所示。此外,获取覆盖 SAR 图像范围的 30m 分辨率的 SRTM DEM 高程数据。

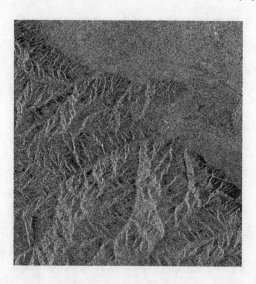

图3-25 多视后的强度图

3.5.2.1 直接定位法:Average Height Range-Doppler

(1)打开 Radar/Geometric/Ellipsoid Correction/ Average Height Range-Doppler,弹出 Ellipsoid Correction-Range Doppler 窗口。

(2)在 I/O Parameters 面板中,点击"…"设置源文件(Source Product:source),按照默认参数设置目标文件名(Target Product:Name),目标文件格式(Target Product:Save as)为 BEAM-DIMAP(图3-26)。

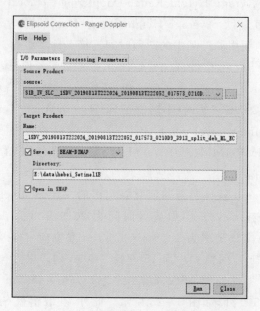

图3-26 Ellipsoid Correction-Range Doppler:I/O Parameters 面板

(3)在 Processing Parameters 面板中,源波段(Source Bands)选择 Intensity_IW3_VV,图像重采样方法(Image Resampling Method)选择双线性插值法(BILINEAR_INTERPOLATION),地图投影(Map Projection)选择 WGS84(DD)(图 3-27)。其余参数按照默认参数设置。

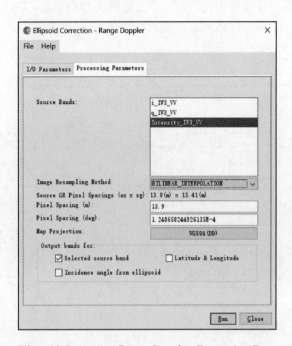

图 3-27　Ellipsoid Correction-Range Doppler:Processing Parameters 面板

(4)点击 Run,执行 Average Height Range-Doppler 处理。结果如图 3-28 所示。

图 3-28　直接定位法:Average Height Range-Doppler 结果图

3.5.2.2 直接定位法:Geolocation-Grid

(1)打开 Radar/Geometric/Ellipsoid Correction/ Geolocation-Grid,弹出 Ellipsoid Correction-Geolocation-Grid 窗口。

(2)在 I/O Parameters 面板中,点击"…"设置源文件(Source Product:source),按照默认参数设置目标文件名(Target Product:Name),目标文件格式(Target Product:Save as)为 BEAM-DIMAP(图 3-29)。

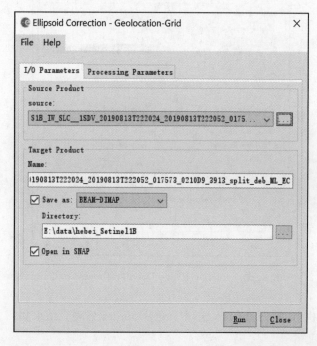

图 3-29 Ellipsoid Correction-Geolocation-Grid:I/O Parameters 面板

(3)在 Processing Parameters 面板中,源波段(Source Bands)选择 Intensity_IW3_VV,图像重采样方法(Image Resampling Method)选择双线性插值法(BILINEAR_INTERPOLATION),地图投影(Map Projection)选择 WGS84(DD)(图 3-30)。

(4)点击 Run,执行 Geolocation-Grid 处理。该工具的主要处理流程(见 SNAP 软件 Help/Help Content/Geometric/Geolocation Grid Ellipsoid Correction)如下。①获取源图像四个角点的纬度和经度。②根据角点纬度和经度确定目标图像边界。③从源图像的元数据中获取距离和方位向像素间距。④根据源图像像素间距遍历计算目标图像像素。⑤计算目标图像大小。⑥从源图像的地理定位 LADS(Level 1b Annotation Data Set)中获取连接点信息(纬度、经度和斜距时间)。⑦对目标图像中的每个像素重复以下步骤:

(a)获取当前像素的经度和纬度;

(b)确定当前像素以及与之相邻的四个像素在源图像中的对应位置;

(c)利用斜距时间和双二次插值计算像素的斜距;

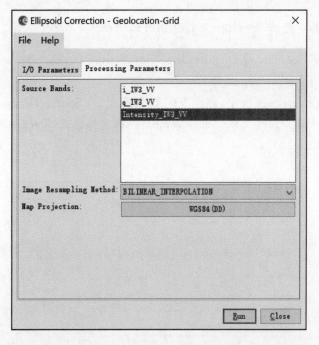

图 3-30　Ellipsoid Correction-Geolocation-Grid：Processing Parameters 面板

(d)计算像素的零多普勒时间；
(e)校正零多普勒时间；
(f)利用零多普勒时间计算方位向索引 Ia；
(g)利用斜距计算距离向索引 Ir；
(h)使用双线性插值计算像素值 $x(Ia,Ir)$，并将它设置为目标图像中的当前采样。

结果如图 3-31 所示。

图 3-31　直接定位法：Geolocation-Grid 结果图

3.5.2.3 间接定位法:Range-Doppler Terrain Correction

(1)打开 Radar/Geometric/Terrain Correction/Range-Doppler Terrain Correction,弹出 Range Doppler Terrain Correction 窗口。

(2)在 I/O Parameters 面板中,点击"…"设置源文件(Source Product:source),按照默认参数设置目标文件名(Target Product:Name),目标文件格式(Target Product:Save as)为 BEAM-DIMAP(图 3-32)。

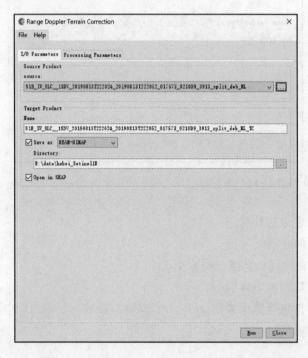

图 3-32 Range Doppler Terrain Correction:I/O Parameters 面板

(3)在 Processing Parameters 面板中,源波段(Source Bands)选择 Intensity_IW3_VV,数字高程模型(Digital Elevation Model)选择 External DEM。接着点击"…"选择已经下载好的 SRTM DEM,地图投影(Map Projection)选择 WGS84(DD)(图 3-33)。其余参数按照默认参数设置。

(4)点击 Run,执行 Range-Doppler Terrain Correction 处理。结果如图 3-34 所示。

3.5.2.4 间接定位法:SAR-Simulation Terrain Correction

鉴于 SAR-Simulation Terrain Correction 方法暂不适用于 Sentinel-1B 数据,这里不作详述,用户可通过 Help/Help Contents/Geometric/SAR Simulation Terrain Correction 查看具体使用方法。

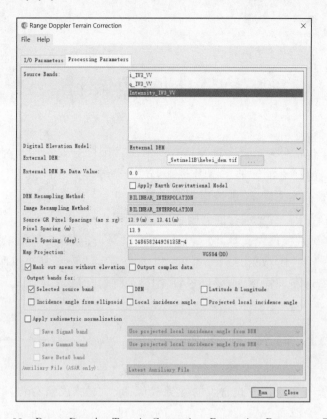

图 3-33 Range Doppler Terrain Correction：Processing Parameters 面板

图 3-34 间接定位法：Range-Doppler Terrain Correction 结果图

4 SAR 图像解译

SAR 图像解译包括目视解译和计算机自动解译。由于 SAR 图像为侧视斜距成像,在对 SAR 图像进行目视解译之前需要了解其图像特点,了解各地物的散射特性,通过色调、纹理、大小、形状、阴影及相关位置,进行地表要素的识别。在识别时,应尽可能参照已有资料或区域地物目标解译样本反复进行推测验证,逐步积累经验,以获得较好的判读效果。计算机解译则是以计算机系统作为支撑环境,利用模式识别、人工智能等技术,根据遥感图像中目标地物的各种图像特征(散射、统计、空间、相干性等),结合专家知识库中目标地物的特征、规律等知识进行分析和推理,实现对 SAR 图像的理解和解译。

4.1 SAR 图像目视解译

由于 SAR 侧视相干成像方式与人的视觉成像、光学遥感成像有着显著的差异,目视解译更为困难,需要充分掌握 SAR 图像的特点、典型地物的特征等来进行目视解译。

SAR 图像的特点主要包括:①斜距投影导致 SAR 图像会呈现特有的几何特点,如透视收缩、顶底倒置、阴影、斜距图像近距明显压缩等;②SAR 图像的相干斑噪声使得目标边缘模糊,图像不清晰;③入射角和方位角变化时,SAR 图像会表现出较大的差异,需要结合具体的观测参数进行判读;④桥梁、运动目标等可能存在多次反射效应、多普勒频移等。因此,在对 SAR 图像进行判读前,可以对 SAR 图像进行去噪、地理编码等预处理,使它容易解译,同时需要结合成像波段、入射角、地形等条件。

地物参数差异和 SAR 系统参数的不同使得目标在 SAR 图像上有不同的表现。主要包括以下方面。

(1)地物参数的影响。不同的地物目标会因结构、表面粗糙度等差异而形成不同的散射机制,从而导致 SAR 图像呈现不同的明暗程度,比如城区建筑易形成二面角散射而产生很强的后向散射,静止的开阔水域的镜面散射导致几乎没有后向散射。地表越平整、光滑,后向散射越弱;随着地表变得更粗糙,后向散射则有所增强。当然,表面粗糙度与成像波长、入射角相关,波长越长、入射角越大,SAR 探测到的地表越倾向于光滑。对起伏地表而言,局部入射角越小,后向散射越强。一般地,开阔静止的水面、宽大平坦的道路、机场跑道、大型平顶建筑楼顶等的后向散射很弱,仅次于阴影区。此外,地表介电常数也会影响后向散射系数,比如土壤含水量越大,反射越强、透射越弱。

(2)SAR 系统参数的影响。不同波长 SAR 对同一场景的成像会有差异,波长越长,穿透力越强;波长越短,对地表起伏越敏感。不同入射角的观测变化或差异可以反映地表不同的粗糙度。同一地物在不同极化通道的后向散射强度可能存在差异,多极化信息的综合利用可提高解译精度。

因此,掌握不同地物的散射机制、不同地物参数和不同 SAR 参数对后向散射的影响,是开展目视解译的基础。

4.2 不同地物的 SAR 图像特征分析

不同地物在 SAR 图像上表现不同,湖泊、坑塘、植被、建筑、道路、桥梁等是地面上的常见场景。为了分析上述地物在 SAR 图像上的特征,选取武汉市区域的不同波段、不同极化、不同分辨率的 SAR 图像,包含 Sentinel-1、ALOS、高分三号卫星数据进行分析。详细信息如表 4-1 所示(对于特定场景,从表中选取部分图像进行分析)。

表 4-1 SAR 图像参数信息

编号	卫星	波段	飞行方向	分辨率/m	极化类型	时间
(a)	Sentinel-1	C	↗	20×20	VV	2017-03-07
(b)	Sentinel-1	C	↗	20×20	VH	2017-03-07
(c)	ALOS	L	↗	12.5×12.5	HH	2007-03-02
(d)	ALOS	L	↗	12.5×12.5	HH	2010-10-26
(e)	ALOS	L	↗	12.5×12.5	HV	2010-10-26
(f)	高分三号	C	↗	8×8	HH	2017-03-03
(g)	高分三号	C	↗	8×8	HV	2017-03-03
(h)	高分三号	C	↗	1×1	HH	2016-12-18
(i)	高分三号	C	↗	1×1	VV	2016-12-28

4.2.1 湖泊

雷达波对水体比较敏感,平静的开阔水域产生镜面反射,雷达后向散射很弱,在图像上表现为深色调。如图4-1所示,大面积的水体在图像上表现为深色调,与周围地物差距较大,较容易判别。此外,湖中南北向的桥梁与水面形成二面角反射效果,雷达后向散射强,与湖面对比明显,且这种对比在同极化通道比交叉极化通道更为明显。

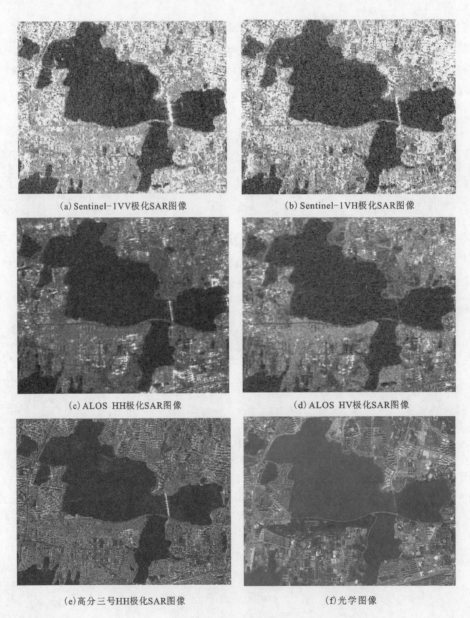

(a) Sentinel-1 VV极化SAR图像　　(b) Sentinel-1 VH极化SAR图像

(c) ALOS HH极化SAR图像　　(d) ALOS HV极化SAR图像

(e) 高分三号HH极化SAR图像　　(f) 光学图像

图4-1　武汉南湖SAR图像及参考光学图像

4.2.2 坑塘

与大面积的湖泊不同,单个坑塘面积较小,在 SAR 图像上由于镜面散射同样呈现深色调,如图 4-2 所示。在许多排列整齐的方块状坑塘中,塘埂将坑塘与坑塘隔离开来,塘埂上的植被散射较强,且易与坑塘水面形成二面角,因此道路和塘埂在 SAR 图像上呈现亮色线状,其中图 4-2(c)中 L 波段更强的穿透力凸显了乡间小路。

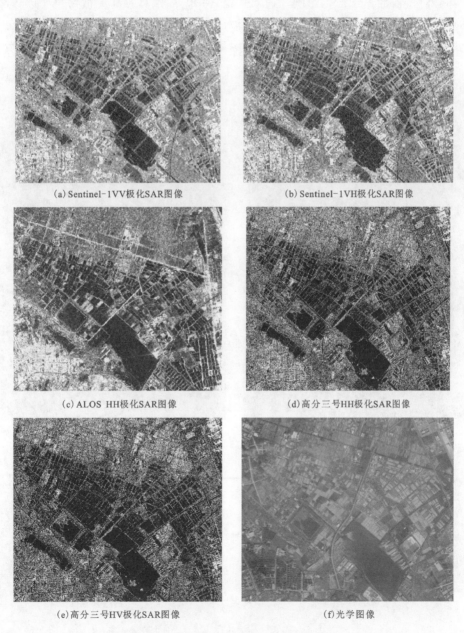

(a) Sentinel-1VV极化SAR图像　　(b) Sentinel-1VH极化SAR图像

(c) ALOS HH极化SAR图像　　(d) 高分三号HH极化SAR图像

(e) 高分三号HV极化SAR图像　　(f) 光学图像

图 4-2　坑塘 SAR 图像及参考光学图像

需要强调的是,坑塘很容易被错误解译为水稻田,一般水稻田的后向散射要比坑塘的水面强。因插秧前水稻田蓄水的时间相对很短,与湖泊具有相同暗度的规则区域通常都是坑塘。当然,也可以利用多时相数据提升解译准确性。

4.2.3 植被

植被在雷达图像上的显示比较多样,含水量、密度、结构、位置、种类以及雷达波束的方向等都会对植被的显示产生影响。通常来说,树林、灌木林等高大植物主要以体散射为主,后向散射更强,如图4-3所示。由于L波段穿透性较强,ALOS图像上能展示出更多植被冠层下的信息,农田和林地的差异更为明显。植被区的交叉极化通道后向散射更强,如图4-3(b)、(d)所示。山体植被因受地形的影响,前坡较亮、阴影较暗,如图4-3(e)所示。

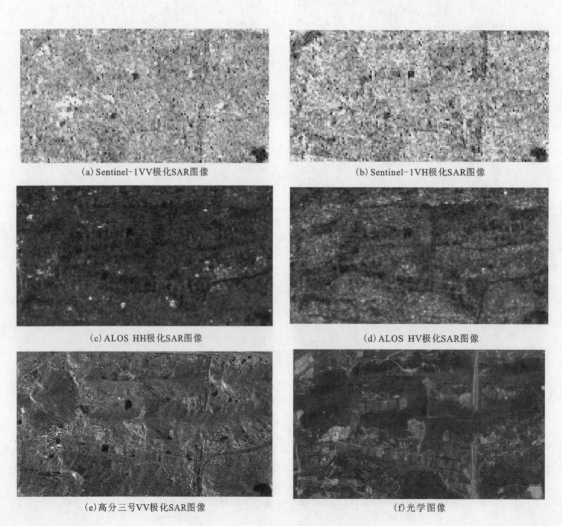

(a) Sentinel-1 VV极化SAR图像　　(b) Sentinel-1 VH极化SAR图像
(c) ALOS HH极化SAR图像　　(d) ALOS HV极化SAR图像
(e) 高分三号VV极化SAR图像　　(f) 光学图像

图4-3　植被SAR图像及光学图像

4.2.4 建筑

城镇建筑物的排列和格局比较规整,建筑物之间、建筑物与路面等易形成二面角反射,通常在图像上集聚成一片亮点群,如图4-4所示。SAR图像中的建筑物表现与其大小、排列方向以及顶面的材质、结构、雷达波束入射方向等都有着直接关系。因此,朝向入射波的墙面回波很强,在高空间分辨率SAR图像中会形成"L"形亮纹,大型平顶建筑楼顶后向散射较弱。背向入射波的方向会有建筑物的阴影,建筑物排列方向与入射波方向存在较大角度时,交叉极化通道的后向散射强于同极化通道,如图4-4(d)、(e)所示。

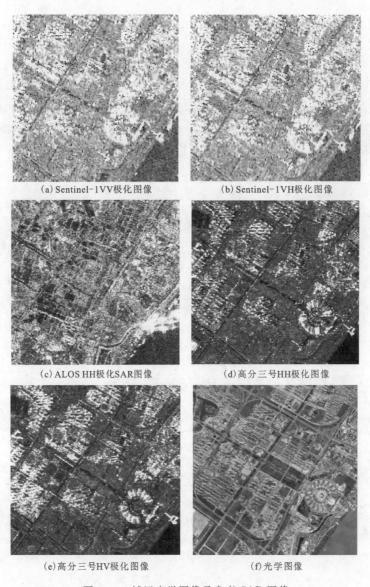

(a) Sentinel-1 VV极化图像　　(b) Sentinel-1 VH极化图像
(c) ALOS HH极化SAR图像　　(d) 高分三号HH极化图像
(e) 高分三号HV极化图像　　(f) 光学图像

图4-4 城区光学图像及参考SAR图像

4.2.5 道路

道路由于其表面粗糙度、构成的不同而有着不同的表现。通常来说,宽大、平整的水泥路、沥青路呈现暗色,如图 4-4 所示。当道路两侧有干沟、金属护栏、护坡或隔离绿化带时,道路两边会有亮边出现。一般宽大、平整的城区道路因表面散射而呈现暗色;相反地,乡间小道因路基突出地面且道路两旁有树木,易形成二面角散射及植被体散射,在 SAR 图像中呈现亮色,如图 4-2 所示。铁路因较高的路基易形成二面角散射而呈现亮色,如图 4-5 所示(图像的左上和右侧区域)。

4.2.6 桥梁

桥梁由于有金属护栏、桥墩,容易与水面形成二面角散射,产生强回波,在暗色调的河流背景下非常明显。例如雷达图像上桥梁显示为亮线,且因同时有单次散射、偶次散射甚至三次散射而表现亮的重影,如图 4-5 所示。天兴洲大桥为公铁两用大桥,跨主航道的南段为双层金属框架结构,与江面产生很强的二面角散射;北段为单层公铁并行,难以形成二面角结构。部分船只、城区建筑因产生角反射器效应而表现为很亮的十字叉。

(a) Sentinel-1VV极化图像 (b) Sentinel-1VH极化图像 (c) ALOS HH极化图像

(d) 高分三号HH极化图像 (e) 高分三号HV极化图像 (f) 桥梁光学图像

图 4-5 道路与桥梁光学图像及 SAR 图像

4.3 高分辨率 SAR 图像典型地物样例

本节以中国地质大学(武汉)南望山校区及其周边为例,采用高精度高分三号卫星 VV 极化数据(其轨道角度为 98.6°,入射角为 30.67°～40.05°,分辨率为 1m×1m,成像时间为 2017 年 1 月 2 日),建立校区及周边典型地物的极化 SAR 图像样例库,可用于 SAR 图像典型地物目视解译(表 4-2)。

表 4-2 典型地物 SAR 图像和光学图像对比

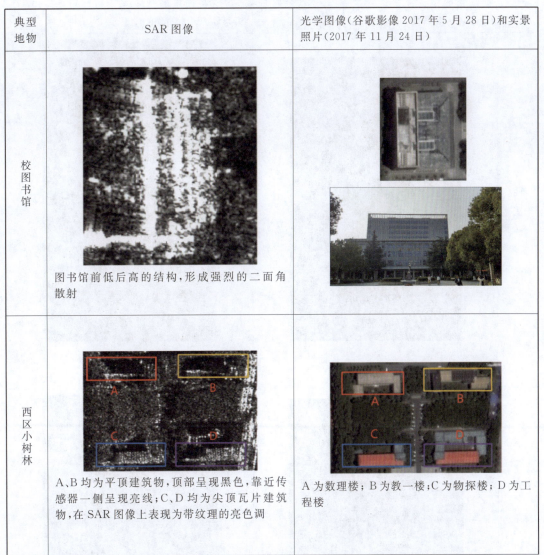

续表 4-2

典型地物	SAR 图像	光学图像（谷歌影像 2017 年 5 月 28 日）和实景照片（2017 年 11 月 24 日）
游泳馆	游泳馆的外部结构在 SAR 图像上清晰可见，北侧拱形窗（C 区）西侧被遮挡并呈现阴影	A、C 为游泳馆拱形窗；B 为游泳馆顶部；D 为售票厅；E 为游泳馆正门
西区操场	平整的西区操场因后向散射较弱而呈暗色调	A、B 分别为大、小足球场；C 为主席台；D 为足球大门门框
教二楼前的荷花池	金属护栏墩为点目标，与水面形成强烈的偶次散射	A、C 为小桥，带铁链栏杆；B 为湖心亭

4　SAR 图像解译

续表 4-2

典型地物	SAR 图像	光学图像(谷歌影像 2017 年 5 月 28 日)和实景照片(2017 年 11 月 24 日)
国际教育学院	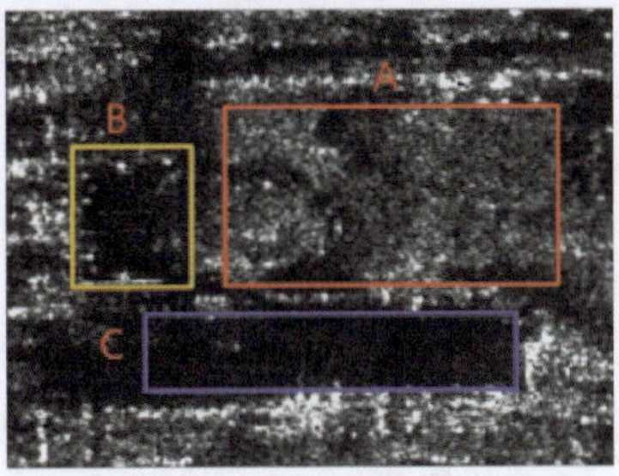 A 为树林,主要表现为体散射; B 为篮球场; C 为平顶建筑物,表现为镜面散射	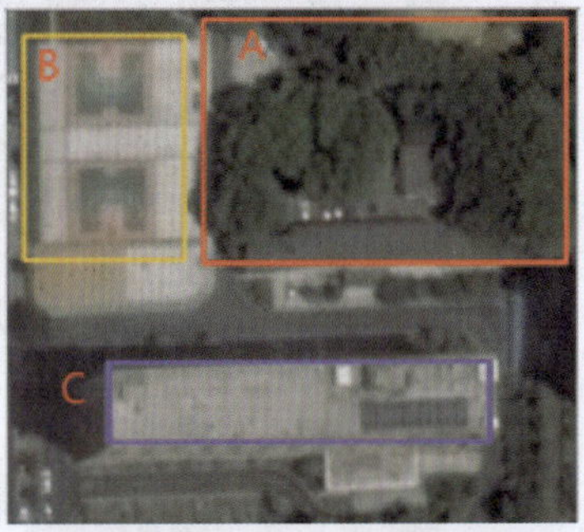 A 为树林;B 为篮球场;C 为平坦楼顶
锦鲤塘与红军桥	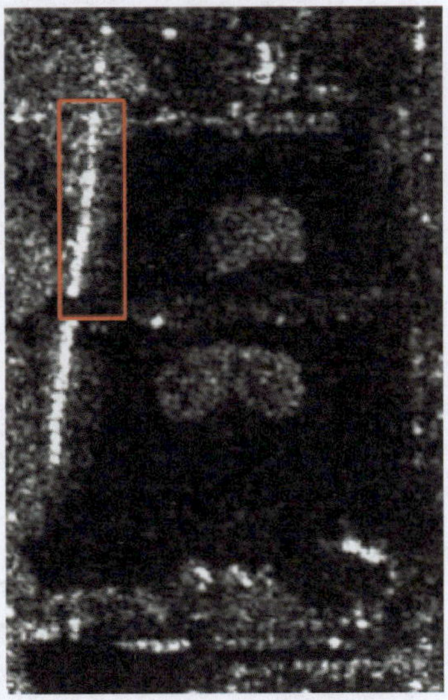 岸边水泥立面、铁栏杆与水面形成强二面角散射	 
北区大门	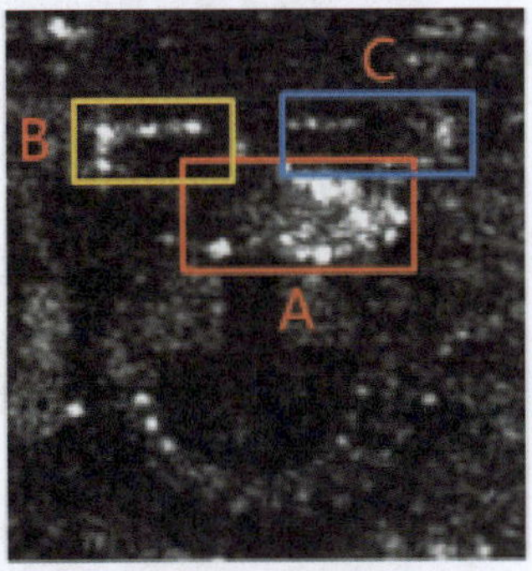 北区大门顶部金属的散射很强(A 区)	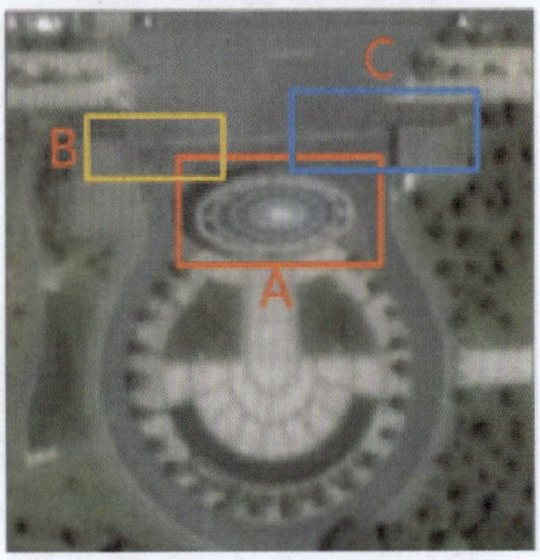 A 为北区大门圆顶;B、C 为大门两侧

续表 4-2

典型地物	SAR 图像	光学图像（谷歌影像 2017 年 5 月 28 日）和实景照片（2017 年 11 月 24 日）
八一路桥	桥上栏杆、路灯亮点清晰可见	
鲁巷广场	华美达酒店大楼叠掩现象明显	
鲁磨路与八一路交叉路口	亮线处为路面上的防护栏，与路面形成强二面角散射	
鲁磨路毕阁山站旁的农田	冬季农田表现为表面散射，与田边植被体散射差异明显	

续表 4-2

典型地物	SAR 图像	光学图像(谷歌影像2017年5月28日)和实景照片(2017年11月24日)
鲁磨路康园教师住宅小区	高楼在 SAR 图像上的叠掩和阴影现象,每层的阳台清晰可见	

4.4 特征提取

特征及特征的选择对于计算机自动解译至关重要。常用的特征有极化特征、纹理特征等,其中极化特征包括后向散射系数、极化比、纹理特征、极化分解特征,纹理特征包括各种基于灰度共生矩阵的纹理特征,具体分别为:均值(mean)、方差(variance)、角二阶矩(angular second moment)、对比度(contrast)、相异性(dissimilarity)、均质性(homogeneity)、熵(entropy)、相关性(correlation)。

以 Sentinel-1 数据为例,利用 PolSARpro 和 ENVI 软件提取其各种极化特征和纹理特征并进行分析,该数据已完成数据预处理(数据导入、滤波、地理编码、裁剪),如图 4-6 所示。

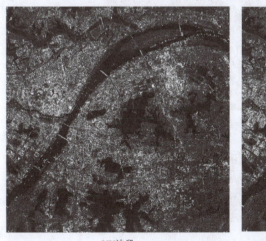

VV波段　　　　　　　　　　　　VH波段

图 4-6 武汉市 Sentinel-1 数据

4.4.1 极化比计算

在ENVI软件中进行极化比计算,主要步骤如下(图4-7、图4-8)。

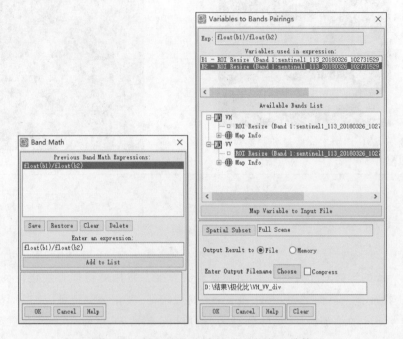

图4-7 ENVI Band Math工具极化比计算

图4-8 VV、VH极化比计算结果

(1) 在 ENVI 主界面，选择 File→Open，选择数据 VH 和 VV，打开并显示。

(2) 在 ENVI Toolbox 工具箱中，双击 Band Ratio→Band Math，输入 float(b1)/float(b2)，在 Variables to Bands Pairings 对话框中的 Variables used in expression 列表框中选择变量 B1，在 Available Band List 中将 VV 波段赋给 B1，VH 波段赋给 B2，为变量 B1 指定一个波，或使用 Map Variable to Input File 按钮为变量 B1、B2 选定图像文件。选择输出路径并填写文件名称，点击 OK，得到结果（图 4-7、图 4-8）。

一般交叉极化（VH、HV）比同极化（VV、HH）的穿透能力弱，极化比可以突出不同极化上存在差异的地物。

4.4.2 极化和、极化总功率计算

与 4.4.1 中的计算流程相同，我们可以利用 ENVI 的 Band Math 工具，进行 VV 通道与 VH 通道之间的代数运算，包括通道之和、极化总功率 Span 等，通道之和等于 VV+VH，$Span=VV^2+VH^2$（图 4-9～图 4-11）。

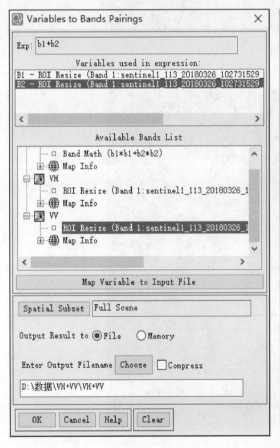 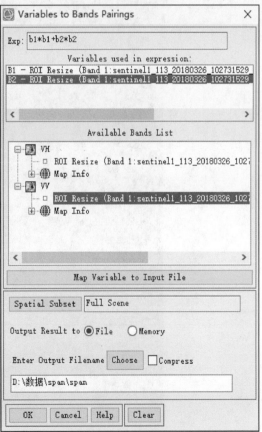

图 4-9 利用 ENVI Band Math 工具计算 VV、VH 之和及 Span

图 4-10　VV、VH 之和的计算结果

图 4-11　Span 的计算结果

4.4.3 纹理参数计算

在 ENVI Toolbox 工具箱中,双击 Filter→Co-occurrence Measures,在 Co-occurrence Texture Parameteres 窗口中选择需要计算纹理参数的波段(图 4-12、图 4-13)。

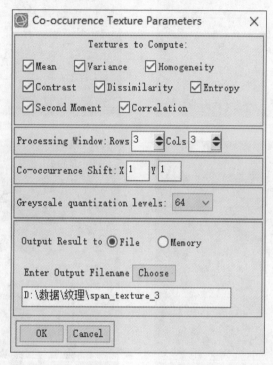

图 4-12 ENVI Band Math 工具纹理参数计算

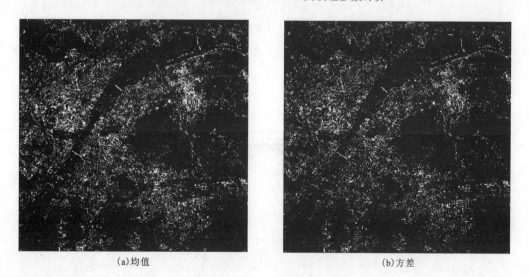

(a)均值   (b)方差

图 4-13 纹理参数计算结果

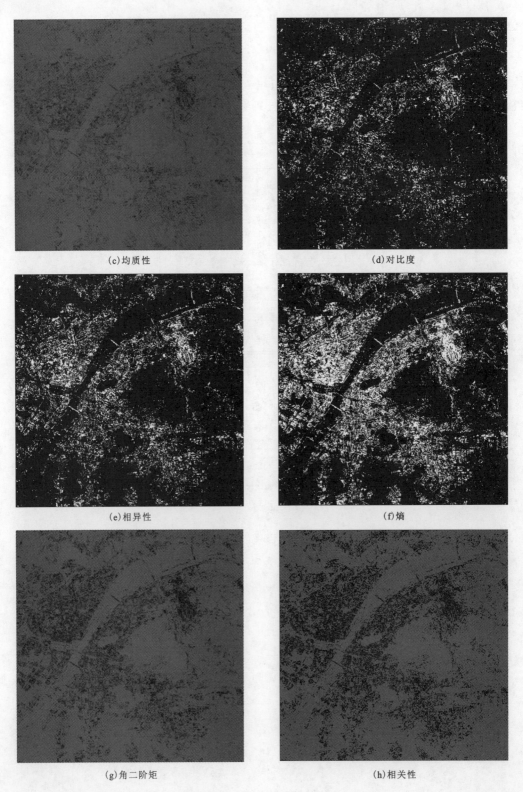

续图 4-13 纹理参数计算结果

4.4.4 极化分解参数计算

在软件 PolSARpro 中,设置 Environment→Single Data Set(Pol-SAR),选择数据/C2 文件,点击 Save&Exit,保存路径。双极化数据目前仅支持 $H/A/\alpha$ 分解,点击 Process→H/A/Alpha Decomposition→Decomposition Parameters,勾选需要计算的极化参数,输入窗口参数,点击 Run,结果如图 4-14 所示。

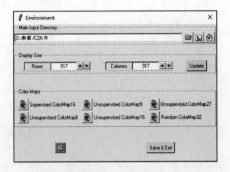

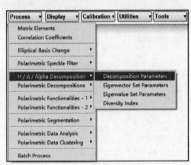

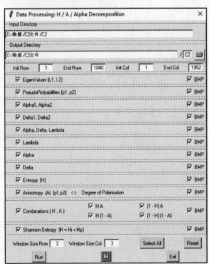

图 4-14 PolSARpro 中 Sentinel-1 数据导入和极化参数计算

图 4-14 中的各种特征含义和公式如表 4-3 所示,其中 n 由极化矩阵的维度决定,输入数据为 C_2 矩阵,因此 n 取 2。

表 4-3 双极化 H/A/α 分解特点

特征	含义	公式
EigenValues(L_1, L_2)	特征值	由极化矩阵计算得到
PseudoProbabilities(P_1, P_2)	旋转不变概率	$P_i = \dfrac{\lambda_i}{\sum_{k=1}^{n}\lambda_k}, \sum_{k=1}^{n} P_k = 1$
Alpha1、Alpha2	极化散射参数,用来识别主要散射机制	从酉矩阵中得到
Delta1、Delta2	极化散射参数,与极化方向角有关	从酉矩阵中得到
Alpha、Delta、Lambda	极化散射参数	与下列公式 $\bar{\lambda}$、$\bar{\alpha}$、$\bar{\delta}$ 相同
Lambda	平均目标功率	$\bar{\lambda} = \sum_{k=1}^{n} P_k \lambda_k$
Alpha	平均极化散射参数,用来识别主要散射机制	$\bar{\alpha} = \sum_{k=1}^{n} P_k \alpha_k$
Delta	平均极化散射参数,与极化方向角有关	$\bar{\delta} = \sum_{k=1}^{n} P_k \delta_k$
Entropy(H)	极化散射熵	$H = -\sum_{k=1}^{n} P_k \log_n(P_k)$
Anisotropy(A)	极化各向异性度	$A = \dfrac{\lambda_2 - \lambda_3}{\lambda_2 + \lambda_3}$, λ_2、λ_3 为倒数第二小特征和最小特征值
Combination(H, A)	极化熵(H)和各向异性度(A)的各种组合	
Shannon Entropy	香农熵	

本书选取了部分结果 L_1、Lambda、Alpha、Delta、Entropy(H)、Anisotropy(A)进行展示(图 4-15)。

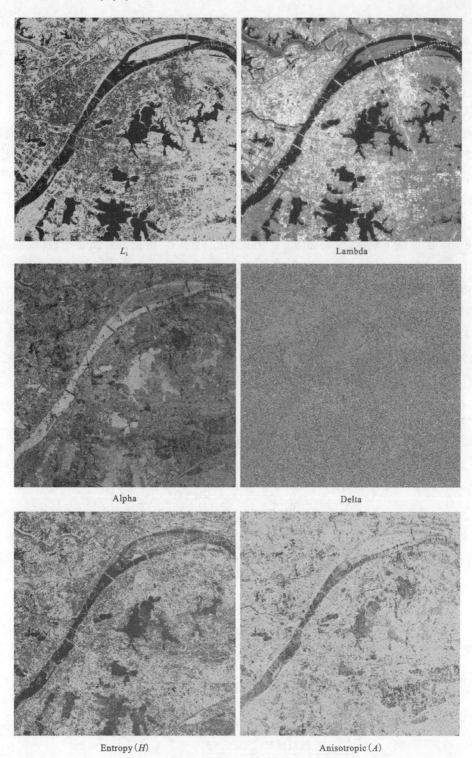

图 4-15 Sentinel-1 数据 $H/A/\alpha$ 分解结果

4.5 专题信息提取

基于上述提取的特征,可以采用阈值法提取所需专题信息。本节以水体和建筑物为例,进行水体专题信息和建筑物专题信息提取。在 SAR 图像中,建筑物在 SAR 图像上因为二面角反射常常呈现亮色调,水体由于镜面反射呈现暗色调,可以利用阈值法对水体和建筑物进行提取。

利用 4.4 节中计算的 L_1 特征和 VV+VH 特征分别提取水体和建筑物(图 4-16)。对于 L_1 特征的水体提取,选取参考阈值 0.013,在 Band Math 中输入 b1 LT 0.013,阈值小于等于 0.013 的区域为水体,结果如图 4-7(a)所示;对于 L_1 特征的建筑物提取,选取参考阈值 0.013,在 Band Math 中输入 b1 GT 0.2,阈值小于等于 0.2 的区域为非建筑,结果如图 4-17(b)所示。对于 VV+VH 特征,先用增强的 Lee 滤波去除噪声,然后选取参考阈值 0.018 提取水体,阈值小于等于 0.018 的区域为水体,Band Math 公式为 b1 LT 0.01,结果如图 4-17(c)所示;选取参考阈值 0.3 提取建筑物,阈值大于等于 0.3 的区域为建筑物,Band Math 公式为 b1 GT 0.3,结果如图 4-17(d)所示。

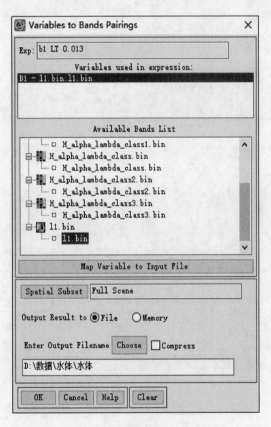

图 4-16 ENVI Band Math 阈值提取

4 SAR 图像解译

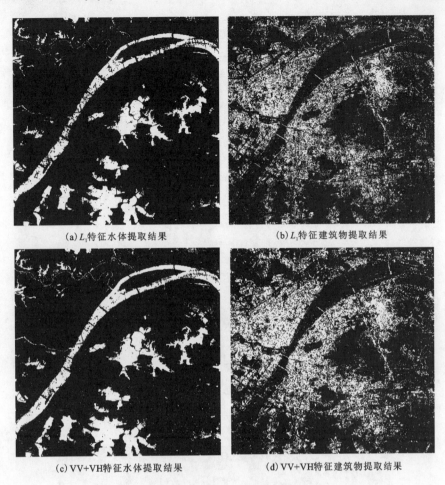

(a) L 特征水体提取结果　　　　(b) L 特征建筑物提取结果

(c) VV+VH 特征水体提取结果　　(d) VV+VH 特征建筑物提取结果

图 4-17　阈值法专题信息提取

在水体结果提取中,白色为水体,黑色为背景值,从结果中可以看出,水上的桥梁和湖面上的树会影响水体提取结果,但绝大部分水体区域都可被提取出来。同样,对于建筑物提取结果,白色为建筑物,黑色为背景值,部分二面角反射强的地物如桥梁和部分道路会被提取到结果中。

4.6　自动分类方法

4.6.1　非监督分类

在 PolSARpro 软件中选择 Process→Polarimetric Segmentation→H/A/Alpha Classification (图 4-18),在 Tuo-Tuo(H/Alpha/Lambda)Classification 栏中勾选复选框,其结果如图 4-19 所示。

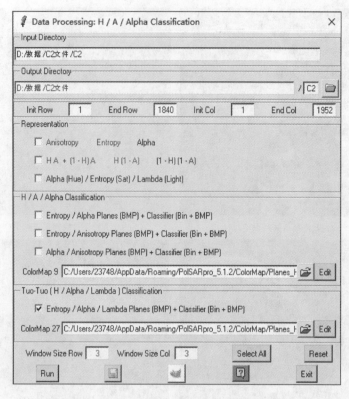

图 4-18 Sentinel-1 数据 H-Alpha 平面无监督分类

图 4-19 H_alpha_lambda 自动分类结果

4.6.2 监督分类

除了非监督分类,双极化数据可以在 PolSARpro 软件中进行监督分类。不过,从理论上说,双极化数据的分类精度一般要低于全极化数据。

(1)选择 Process→Polarimetric Segmentation→Wishart Supervised Classification,点击 Graphic Editor,选择勾选样本的 BMP 数据;用鼠标右键点击图片,出现菜单,选择 Select area;点击鼠标左键在图上勾选样本,勾选完成后,用鼠标右键选择 Select area,完成一块样本的勾选;将鼠标移动到下一块区域继续勾选样本,勾选完成后,用鼠标右键选择 Select area(添加此类地物的样本)或者选择 Add a new class(将此样本作为新地类的样本)。

(2)样本勾选完成后,点击 Run Training Process,再点击 Run,执行监督分类(图 4-20)。Wishart 训练样本和结果如图 4-21 所示。

监督分类的结果很大限度上取决于样本的勾选。在 Wishart 监督分类中,勾选了三类地物,分别是水体、建筑物、植被。分析分类结果发现,水体、建筑物、植被这三类地物分类较准确,但在提取时存在一些误分现象,如河流和湖泊边缘被误分为建筑物,部分建筑物被误分为植被,可以通过改进样本的方式来解决误分问题。

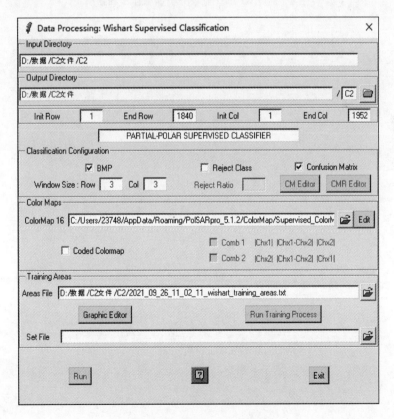

图 4-20 Wishart 监督分类

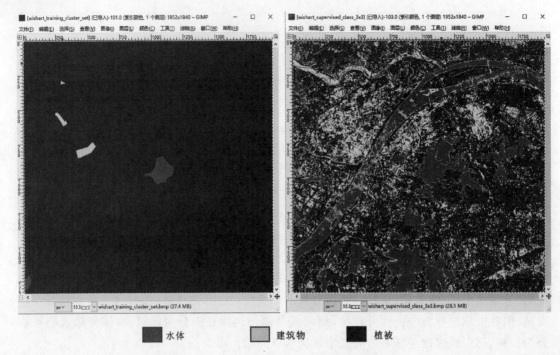

图 4-21 Wishart 监督分类训练样本和结果

第二部分

提高篇

5 SAR 图像统计建模

尽管各种地物都受相干斑的影响,但 SAR 图像中的林地、水体等地物存在不同的纹理差异,这种差异可以通过统计模型来描述。通过统计的方法描述 SAR 数据的统计特性,有助于深入理解地物的散射机制,并指导相干斑抑制,SAR 图像分割、分类和目标识别,该方法也可以用于 SAR 图像仿真。

5.1 SAR 图像统计模型

现有的 SAR 图像统计模型大多是基于概率密度函数来描述单点统计特性的,按照研究思路的不同,可分为经验模型、基于乘积模型的统计模型等。Arsenault 等(1976)基于相干物理散射机制提出了 SAR 图像相干斑模型。在此基础上,Ward(1981)提出了 SAR 图像的乘积模型,认为 SAR 图像测量值由地物的真实雷达散射截面受一乘性的斑点噪声调制而成,见式(3-1)。相对于经验模型,基于物理性质的乘积模型被广泛应用。

SAR 图像的统计特性与图像的分辨率及成像区域的均匀程度密切相关。城区含有多种异质成分,均匀程度一般很低,而自然区域的均匀程度比人造区域的均匀程度高。一般均质的分布目标遵从相干斑模型,而对异质区则需要选用更复杂的模型进行描述。在选择模型时,需要在简单但难以准确描述数据的模型与复杂却能精确拟合数据的模型之间进行折中。根据匡纲要等(2007)对主要统计模型的总结,列出常见 SAR 图像统计模型的特点,见表 5-1。

表 5-1 常见统计模型的特点

类别	统计模型	有无解析式	参数估计	适用范围
经验分布模型	威布尔(Weibull)	有	难	高分辨率单视的幅度、强度数据
	对数正态(lognormal)	有	易	较高分辨率幅度图,不适合单视强度图
基于乘积模型的分布模型	瑞利(Rayleigh)	有	易	均匀区域单视幅度图
	指数(exponential)	有	易	均匀区域单视强度图
	伽马(Gamma)	有	易	均匀区域多视强度图
	K	有	难	不均匀区域的多视、单视、强度、幅度图(分别有对应的表达式)
	G^0	有	易	均匀、不均匀、极不均匀区域的多视、单视、强度、幅度图(分别有对应的表达式)

在分析 SAR 图像统计特性时,基于待建模区域的样本数据,可利用可能服从的统计概率分布去估计概率分布中所需的参数,最后按照一定的评价准则去选择确定最优的概率分布作为图像数据的最终统计模型。

常用的评价方法包括 K-S 检验、赤池信息准则(Akaike information criterion,AIC)、x^2 匹配检验、KL 距离度量、偏度系数、峰度系数等。其中,K-S 检验将样本数据的经验分布与特定的理论分布相比较,若两者之间的差距很小,则可以推论该样本服从该特定的分布。K-S 用以检验一个经验分布是否符合某种理论分布或者比较两个经验分布是否具有显著性差异。令 $F_n(x)$ 表示 n 个样本的经验分布函数,假设这些样本服从某个理论概率分布函数 $F_0(x)$,则 K-S 检验统计量可定义为:

$$D_n = \max\{|F_n(x_i) - F_0(x_i)|, |F_n(x_{i-1}) - F_0(x_i)|\} \quad (1 < i < n) \tag{5-1}$$

对不同的理论分布分别计算,再选择最小的 D_n 值对应的分布为实际数据的最优拟合。

SAR 数据统计建模实验流程如图 5-1 所示,主要包括以下步骤:计算 SAR 数据的强度、幅度等,在待建模场景中选择样本,对样本进行统计拟合,确定最优分布。对于全极化 SAR 数据,在进行统计拟合前,可对其相干矩阵或协方差矩阵求迹以转换成一维。

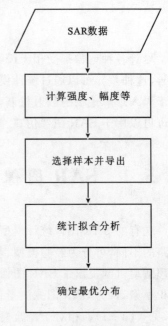

图 5-1 统计建模实验流程

5.2 统计建模分析

在对 SAR 数据进行统计建模分析时,本节示例实验采取的是 5.1 节所述中的参量模型,即对待建模区域的样本数据,在若干统计分布中选择最合适的统计分布。SAR 数据的预处理请参照前文教程学习。SAR 数据统计建模实验分为两部分:一是利用 ENVI 进行数据的前期处理;二是使用 Python 语言进行数据的统计建模。其中,Python 是一种广泛使用的高级编程语言,可提供高效的高级数据结构,还能利用科学计算扩展库进行统计分析与绘图。

对 SAR 数据建模的具体操作过程如下。

5.2.1 选择样本并导出

打开 ENVI 中的 Band Math 工具,根据公式计算 SAR 数据的强度、幅度、相位等图像数据。可对给定的图像数据进行变换($x' = x/\sigma'$,x 表示原始图像数据,σ' 为 x 的均值,x' 为变换后的图像特征数据),压缩图像的动态范围,以充分揭示拟合的细节(图 5-2)。

5 SAR 图像统计建模

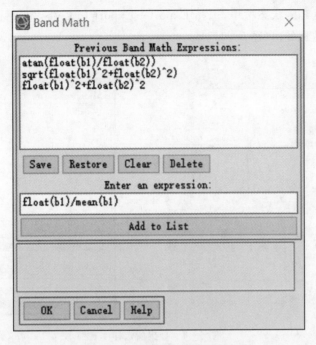

图 5-2　计算强度、幅度和相位

在 ENVI 中,打开待建模的目标图像,点击 ROI 选择工具,点击"roi+"按钮,在图像中选择待建模的区域(图 5-3)。

图 5-3　选择样本

在 ROI 工具的 File 状态栏中，选择 Export→Export to CVS，勾选待导出 ROI，填写文件存储路径，完成数据导出(图 5-4)。

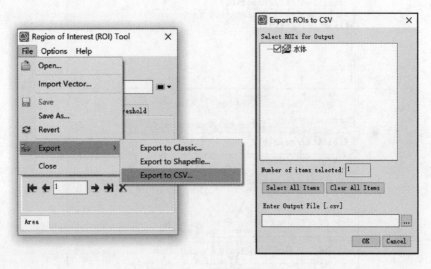

图 5-4　导出所选样本

5.2.2　数据统计拟合与检验

首先，利用 Python 软件依次读取样本数据，绘制统计直方图；然后，根据数据拟合理论频率分布曲线；最后，按照一定的标准选择最优的统计分布。同一统计分布并不完全适用于各种不同的 SAR 数据或场景，因此，在实验过程中需要针对待建模区域试验不同的分布模型，然后基于一定的准则确定最适合的分布模型。本书采用 K-S 检验。

实验环境配置：NumPy 库，它是 Python 的一种开源的数值计算扩展，可用来存储和处理大型矩阵；Pandas 库，它是基于 NumPy 的一种强大的分析结构化数据的工具集；SciPy 库，它是基于 NumPy 构建的数学算法和方便函数的集合；fitter 库，它是用来拟合数据的工具包；Matplotlib 库，它是一个 Python 的 2D 绘图库。

数据统计拟合和检验的示例脚本如下。

(1)整理数据。在 Excel 中打开导出的数据，调整数据格式，方便后面用代码读取。图 5-5给出的是整理过的“归一化强度_均质区”的数据。

	A	B	C	D
1	0.395194			
2	0.324651			
3	0.221809			
4	0.310079			
5	0.322681			
6	0.200892			
7	0.049434			
8	0.002022			
9	0.014659			
10	0.005892			
11	0.001743			
12	0.000784			
13	0.008454			
14	0.001743			
15	0.016612			
16	0.008384			
17	0.002545			
18	0.004358			
19	0.001743			
20	0.014677			
21	0.010633			
22	0.171869			
23	0.12803			
24	0.199724			
25	0.280098			
26	0.24677			
27	0.114486			

归一化强度_均质区

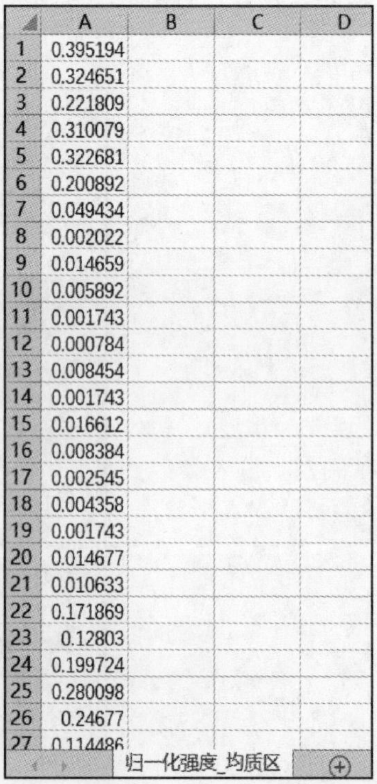

图 5-5　样本数据示例

5 SAR 图像统计建模

(2) 读取数据。根据存储数据的文件格式选择具体的文件读取函数，通过调用 Python 里面的 pd.read_csv() 函数读取 CSV 格式数据文件，pd.read_csv() 函数的基本参数为文件的存储路径，实现代码如下：

```
＃读取文件数据
x=pd.read_csv('I:\实验教程\excel 数据\excel 数据\归一化强度_均质区.csv')
```

(3) 绘制统计直方图并拟合。Python 里的 Fitter 类函数不仅可以绘制分布与样本数据的拟合曲线，而且可以获取不同概率分布与样本数据间的拟合误差。在 Fitter 类中，如果不指定特定的分布类型，默认情况下是在所有的分布中选择出拟合效果最好的五种。以指定 Gamma 分布为例来拟合数据，实现代码如下：

```
f=Fitter(x,distributions=['gamma'],timeout=100)
＃调用 fit 函数拟合分布
f.fit()
```

(4) 检验误差。f.df_errors，拟合分布与样本数据之间的误差，包括平方误差以及赤池信息准则(AIC)和贝叶斯信息准则(Bayesian information criterion，BIC)。f.get_best()，返回最佳的拟合分布以及参数(dictionary 的格式)。f.summary()，汇总信息的输出(包含误差、绘图)，实现的代码如下：

```
print(f.df_errors)＃误差数据的输出
print(f.get_best())＃获得最佳分布及参数
f.summary()＃汇总信息的输出
```

Python 实现数据拟合的代码如下：

```
import pandas as pd
importmatplotlib.pyplot as plt
import matplotlib
from fitter import Fitter
importscipy.stats as st
fromscipy import stats
＃读取文件数据
x=pd.read_csv('I:\实验教程\excel 数据\excel 数据\归一化强度_均质区.csv')
x=x.values.tolist()
x=[i for p in x for i in p]
＃创建 Fitter 类，distributions 表示指定的分布类型，timeout 指拟合的最大时长，超过该值改分布会被遗弃，默认值为 30，单位为秒
```

```
f=Fitter(x,distributions=['gamma'],timeout=100)
#调用 fit 函数拟合分布
f.fit()
print(f.df_errors)#误差数据的输出
print(f.get_best())#获得最佳分布及参数
f.summary()#汇总信息的输出
matplotlib.rcParams['font.sans-serif']=['KaiTi']    #坐标轴标题显示文字
matplotlib.rcParams['axes.unicode_minus']=False     #坐标轴显示负号
plt.xlabel("强度")
plt.ylabel('pdf')
plt.show()
```

5.3 均质区建模

SAR 数据中每个像素点包含一个复数 $x+jy$，表示散射体的回波。在均质区，根据中心极限定理，x 和 y 相互独立且服从均值为 0、方差为 $\sigma/2$ 的高斯分布。

SAR 像素数据的相位 $\varphi=\arctan(y/x)$，服从均匀分布

$$P_\varphi(\varphi)=\frac{1}{2\pi^2}\varphi\in[-\pi,\pi] \tag{5-2}$$

幅度 $A=\sqrt{x^2+y^2}$，服从瑞利分布

$$P_A(A)=\frac{2A}{\sigma}\exp\left(-\frac{A^2}{\sigma}\right),A\geqslant 0 \tag{5-3}$$

其均值为 $\sqrt{\pi\sigma}/2$，标准差为 $\sqrt{(1-\pi/4)\sigma}$。标准差与均值的比值 k_{CV}，即变差系数(coefficient of variation, CV)为 $\sqrt{4/\pi-1}\approx 0.5227$。此类常数比值是乘性噪声的基本特征。

强度或功率 $I=x^2+y^2$，服从负指数分布

$$P_I(I)=\frac{1}{\sigma}\exp\left(-\frac{1}{\sigma}\right),I\geqslant 0 \tag{5-4}$$

其均值和标准差都是 σ，此时 $k_{CV}=1$，大于 0.5227，这表明强度图像的相干斑噪声比幅度图像更显著。

5.3.1 均质区统计建模分析

本书以武汉市高分三号卫星 QPSI、HH 极化 SAR 图像数据为例进行分析，其幅度如图 5-6 所示。一般水体表面光滑，主要表现为镜面散射，是均质区域的典型代表。因此，选取水体作为样本，分析均质区的不同数据(实部、虚部、幅度、强度和相位数据)的统计特性。在实验中水体 ROI 尺寸大小为 20×20，如图 5-6 中的方框区域所示。

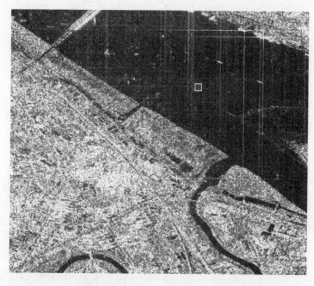

图 5-6　高分三号卫星 HH 极化图像均质区样本

从图 5-7 的实验统计结果可以看出,不同数据的统计特性具有明显的差异,适用的概率密度函数也有显著差异。实验结果中统计的直方图与理论分布较为吻合,实部和虚部符合正态分布,强度数据符合负指数分布,幅度数据符合瑞利分布,相位则与均匀分布最接近。

5.3.2　多视前后建模分析比较

多视处理前后数据的统计特性会发生变化。对于强度数据而言,多视处理前,单视强度数据较好地服从负指数分布,对它进行 L 视处理后,强度平均值变为

$$I_L = \frac{1}{L}\sum_{i=1}^{L} I_{1(i)} = \frac{1}{L}\sum_{i=1}^{L}\left[x(i)^2 + y(i)^2\right] \tag{5-5}$$

L 视处理后的平均强度 I_L 服从阶参数为 L 的 Gamma 分布

$$P_L(I) = \frac{1}{\Gamma(L)}\left(\frac{1}{\sigma}\right)^L I^{L-1} e^{-LI/\sigma}, I \geqslant 0 \tag{5-6}$$

其均值为 σ,标准差为 $\sigma/\sqrt{L}$。L 视处理后,变差系数变为单视强度数据的 $1/\sqrt{L}$,相干斑噪声得到抑制。

变差系数能够有效衡量 SAR 图像的相干斑噪声水平,而研究表明变差系数与视数直接相关,因此视数也能够衡量 SAR 相干斑噪声的水平。而当相干斑存在空间相关性时,实际的变差系数将大于视数所对应的变差系数。因此,定义等效视数(equivalent number of looks, ENL), $ENL = 1/k_{CV}^2$,即均值的平方除以方差,其中,求强度平均针对的是均质的分布目标。

ENL 等价于平均每个像素相互独立的强度值的个数。它不仅用于描述原始数据,也用于描述图像滤波等后处理过程的平滑效果。即使对于原始数据,如果被平均的各视之间存在相关性,那么 ENL 也可能不是整数。

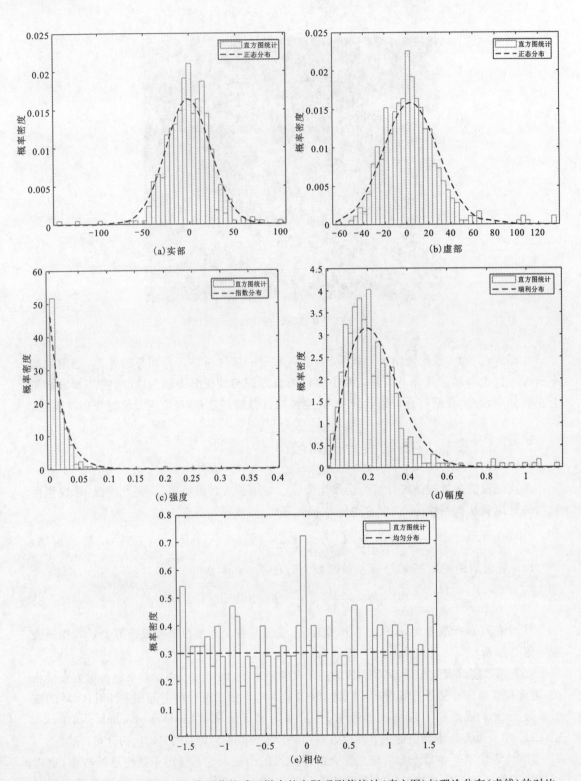

图5-7 高分三号卫星HH极化图像均质区样本的实际观测值统计(直方图)与理论分布(虚线)的对比

以高分三号卫星 HH 极化的单视强度数据和七视处理后数据为例(图 5-8),直方图统计分布和曲线拟合的情况如图 5-9 所示。可以看出,经过多视处理后,数据的分布发生了很大的变化,原始数据经过七视处理后统计直方图的分布与 Gamma 分布较吻合。七视处理后等效视数明显增加,表明相干斑噪声得到抑制,见表 5-2 所示。

(a)单视强度数据　　　　　　　　　(b)七视强度数据

图 5-8　HH 多视数据

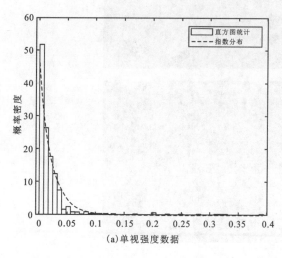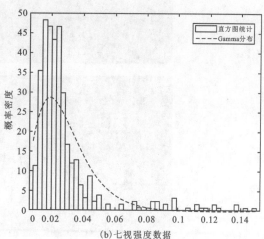

(a)单视强度数据　　　　　　　　　(b)七视强度数据

图 5-9　HH 多视数据统计拟合

表 5-2　多视数据统计信息

视数	均值	标准差	等效视数
单视	0.021 6	0.042 5	0.258 8
七视	0.028 8	0.022 2	1.679 0

5.4 典型区域的统计建模

SAR 图像的统计特性与地表覆盖的均匀程度密切相关,为了进一步对比 SAR 图像中不同地物的统计特性,以德国机载 ESAR 的 L 波段 HH 极化单视强度数据为例分析,其方位向分辨率为 1m,距离向分辨率为 2m。本书按照地表覆盖的均匀性节选了几种典型的自然区域和人造区域,标号为 1～6,分别为机场跑道、草地、农田、林地、居民区和建筑物,如图 5-10 所示。在这些区域中,机场跑道和草地被认为是同质均匀区域;林地是较高大的植被覆盖地物类型,相对农田低矮植被覆盖区域,不均匀程度要略高;居民区和建筑物中大多是自然植被覆盖和人造区域的混合,可视为极不均匀区域。

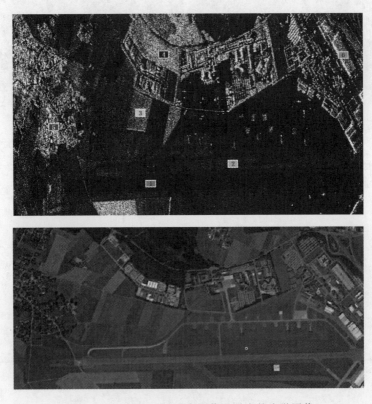

图 5-10 ESAR HH 强度图像及对应的光学图像

表 5-3 列出了上述标记区域对应的覆盖类型以及相关的统计属性。实验中对选择的六个区域分别进行了指数分布、威布尔分布和 K 分布的拟合。拟合的结果如图 5-11 所示,从图中的结果可以看出,不同区域的强度统计直方图分布有一定的差异,而且四种分布对于这些区域的拟合的效果也不相同。可以看出,四种分布在均匀区域的拟合很相近,而在非均匀区域的差异较大。

5 SAR图像统计建模

表 5-3 ESAR 数据中标识的地物类型和统计属性

标号	1	2	3	4	5	6
地物类型	机场跑道	草地	农田	林地	居民区	建筑物
均值	3.06	18.96	94.04	290.04	1 055.61	9 613.59
标准差	3.28	20.28	95.99	343.12	2 755.91	113 768.66
标准差/均值	1.07	1.07	1.02	1.18	2.61	11.83

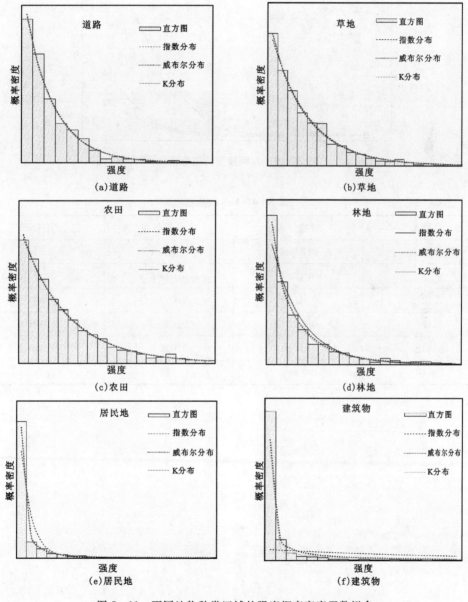

图 5-11 不同地物种类区域的强度概率密度函数拟合

利用 K-S 检验,定量评估上述四种分布对于六个区域的拟合精度,拟合结果见图 5-12 和表 5-4。综合拟合结果和检验结果来看,在均质地表区,指数分布、威布尔分布、K 分布都有很好的拟合效果;在高分辨率非均质区如植被区、居民区、建筑物二面角散射区,指数分布拟合效果较差,而威布尔和 K 分布拟合效果较好。

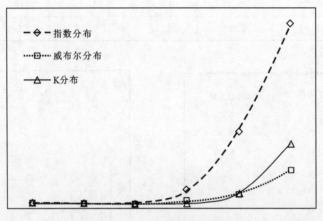

图 5-12 六种地类的拟合精度

表 5-4 K-S 检验值

地物类型	指数分布	威布尔分布	K 分布
机场跑道	0.021 4	0.018 1	0.017 8
草地	0.020 4	0.017 8	0.014 6
农田	0.017 7	0.013 5	0.012 4
林地	0.073 6	0.029 2	0.018 3
居民地	0.307 2	0.056 3	0.059 7
建筑物	0.739 5	0.152 9	0.257 6

6 极化SAR图像处理

极化合成孔径雷达技术(Polarimetric SAR,PolSAR)是一种基于电磁波自身特性的技术,对散射体的形状、方向等形态学参数以及介电常数敏感。该技术通过对同一目标在极化空间多次成像,利用目标的极化差异性,能够识别和分离不同类型散射机制。通过对预处理后的图像数据进行极化分解处理,可以将地物回波的复杂散射过程分解为几种单一的散射过程,有利于有效地提取蕴含在极化散射矩阵中的地物散射信息,从而为目标分类,地物的相关参数如生物量、地表粗糙度及土壤含水量等的反演奠定基础。

本章以美国旧金山地区C波段RADARSAT-2极化SAR数据为例阐述极化SAR图像处理技术,所需软件为PolSARpro或SNAP,主要分为以下三个部分:①极化数据(矩阵)的认识;②极化目标分解;③极化SAR图像分类。

6.1 极化数据(矩阵)的认识

极化散射矩阵是描述极化SAR图像最基本的形式,它代表了特定姿态和观测频率下目标的全极化信息,不仅与目标本身的尺寸、介电常数、结构、形状等物理因素有关,同时也与目标和收发测量系统之间的相对姿态取向、空间几何位置关系以及雷达工作频率等条件有关。通过对散射矩阵的变换,可以得到二阶统计量的极化协方差矩阵和极化相干矩阵等,从而分析"分布式目标"的散射特征。

6.1.1 散射矩阵

如果选定了散射空间坐标系以及相应的极化基,那么雷达照射波和目标散射波的各极化分量之间存在着线性变换关系,因此,目标的变极化效应可以用一个复二维矩阵的形式来表示,即散射矩阵,又称为Sinclair矩阵。

在水平-垂直极化基与单站后向散射体制下,散射矩阵S与入射波(E^i)和接收波(E^r)的关系可以表示为

$$\begin{bmatrix} E_H^r \\ E_V^r \end{bmatrix} = \frac{e^{-jkr}}{r} S \begin{bmatrix} E_H^i \\ E_V^i \end{bmatrix}, S = \begin{bmatrix} S_{HH} & S_{HV} \\ S_{VH} & S_{VV} \end{bmatrix} \tag{6-1}$$

式中:r为散射目标与接收天线之间的距离;k为电磁波的波数;$\frac{e^{-jkr}}{r}$表示波在传输过程中的相位和幅度变化;H和V分别表示水平极化和垂直极化。

如图 6-1 所示，imagery_HH.tif、imagery_HV.tif、imagery_VH.tif、imagery_VV.tif 四个文件分别对应散射矩阵中的 S_{HH}、S_{HV}、S_{VH}、S_{VV}。

名称	修改日期	类型
ASTER	2017/5/14 19:18	文件夹
schemas	2017/5/14 19:18	文件夹
SRTM	2017/5/14 19:18	文件夹
BrowseImage.tif	2008/4/9 19:04	TIF 文件
imagery_HH.tif	2008/4/9 19:04	TIF 文件
imagery_HV.tif	2008/4/9 19:04	TIF 文件
imagery_VH.tif	2008/4/9 19:04	TIF 文件
imagery_VV.tif	2008/4/9 19:04	TIF 文件
lutBeta.xml	2008/4/9 19:04	XML 文档
lutGamma.xml	2008/4/9 19:04	XML 文档
lutSigma.xml	2008/4/9 19:04	XML 文档
product.xml	2008/4/9 19:04	XML 文档
Readme.txt	2008/4/9 19:04	文本文档

图 6-1　散射矩阵的四个通道对应文件

6.1.2　目标散射矢量

为了便于分析和理解散射矩阵中的物理信息，一般都会对散射矩阵 S 进行矢量化表达，其矢量化过程描述为

$$\boldsymbol{k} = V(S) = \frac{1}{2}\mathrm{tr}(S\boldsymbol{\Psi}) \tag{6-2}$$

式中：$\boldsymbol{k}$ 为目标散射矢量；$\boldsymbol{\Psi}$ 为一组完备的基矩阵。

在单站散射体制和满足互易性媒质条件下，目标散射矢量变成三维矢量。Lexicographic 基和 Pauli 基是目前最常用的基矩阵集合。

Lexicographic 基矩阵定义为

$$\{\boldsymbol{\Psi}_L\} = \left\{ 2\begin{bmatrix} 1 & 0 \\ 0 & 0 \end{bmatrix} \quad 2\sqrt{2}\begin{bmatrix} 0 & 1 \\ 0 & 0 \end{bmatrix} \quad 2\begin{bmatrix} 0 & 0 \\ 0 & 1 \end{bmatrix} \right\} \tag{6-3}$$

对应的 Lexicographic 基目标散射矢量为

$$\boldsymbol{k}_L = \begin{bmatrix} S_{HH} & \sqrt{2}\,S_{HV} & S_{VV} \end{bmatrix}^T \tag{6-4}$$

Pauli 基矩阵定义为

$$\{\boldsymbol{\Psi}_P\} = \left\{ \sqrt{2}\begin{bmatrix} 1 & 0 \\ 0 & 1 \end{bmatrix} \quad \sqrt{2}\begin{bmatrix} 1 & 0 \\ 0 & -1 \end{bmatrix} \quad \sqrt{2}\begin{bmatrix} 0 & 1 \\ 1 & 0 \end{bmatrix} \right\} \tag{6-5}$$

对应的 Pauli 基目标散射矢量为

$$\boldsymbol{k}_P = \frac{1}{\sqrt{2}} \begin{bmatrix} S_{HH} + S_{VV} & S_{HH} - S_{VV} & 2\,S_{HV} \end{bmatrix}^T \tag{6-6}$$

6.1.3 极化协方差矩阵和极化相关矩阵

由于极化散射矩阵 S 局限于描述单一目标的极化散射信息,无法表示像元尺度内复杂时变的分布式目标,常选取散射矩阵的二阶统计量矩阵如协方差矩阵 C、相干矩阵 T 等作为地物极化散射特征分析的对象,从而对分布式目标进行更精确的描述。

根据极化目标散射矢量,可以构建极化协方差矩阵 C 和极化相干矩阵 T。C 矩阵由 Lexicographic 基目标散射矢量得到,如下所示

$$C_3 = \langle k_L k_L^{*T} \rangle = \begin{bmatrix} \langle |S_{HH}|^2 \rangle & \sqrt{2}\langle S_{HH} S_{HV}^* \rangle & \langle S_{HH} S_{VV}^* \rangle \\ \sqrt{2}\langle S_{HV} S_{HH}^* \rangle & 2\langle |S_{HV}|^2 \rangle & \sqrt{2}\langle S_{HV} S_{VV}^* \rangle \\ \langle S_{VV} S_{HH}^* \rangle & \sqrt{2}\langle S_{VV} S_{HV}^* \rangle & \langle |S_{VV}|^2 \rangle \end{bmatrix} \quad (6-7)$$

式中,$\langle \cdot \rangle$ 表示空间或时间集合平均算子。T 矩阵由 Pauli 基目标散射矢量得到,如下所示

$$T_3 = \langle k_P k_P^{*T} \rangle =$$
$$\frac{1}{2}\begin{bmatrix} \langle |S_{HH}+S_{VV}|^2 \rangle & \langle (S_{HH}+S_{VV})(S_{HH}-S_{VV})^* \rangle & 2\langle (S_{HH}+S_{VV}) S_{HV}^* \rangle \\ \langle (S_{HH}-S_{VV})(S_{HH}+S_{VV})^* \rangle & \langle |S_{HH}-S_{VV}|^2 \rangle & 2\langle (S_{HH}-S_{VV}) S_{HV}^* \rangle \\ 2\langle S_{HV}(S_{HH}+S_{VV})^* \rangle & 2\langle S_{HV}(S_{HH}-S_{VV})^* \rangle & 4\langle |S_{HV}|^2 \rangle \end{bmatrix}$$
$$(6-8)$$

图 6-2 中的文件,分别对应 C_3 和 T_3 矩阵,由于输出的协方差矩阵或相干矩阵是埃米尔特半正定矩阵,C_3 和 T_3 矩阵中只有九个元素是独立的,对应于九个波段,其中 real 表示实数波段,imag 表示复数波段。

名称	类型	名称	类型
mask_valid_pixels.bin	BIN 文件	C11.bin	BIN 文件
T11.bin	BIN 文件	C12_imag.bin	BIN 文件
T12_imag.bin	BIN 文件	C12_real.bin	BIN 文件
T12_real.bin	BIN 文件	C13_imag.bin	BIN 文件
T13_imag.bin	BIN 文件	C13_real.bin	BIN 文件
T13_real.bin	BIN 文件	C22.bin	BIN 文件
T22.bin	BIN 文件	C23_imag.bin	BIN 文件
T23_imag.bin	BIN 文件	C23_real.bin	BIN 文件
T23_real.bin	BIN 文件	C33.bin	BIN 文件
T33.bin	BIN 文件	mask_valid_pixels.bin	BIN 文件

图 6-2 C_3 和 T_3 矩阵各个通道对应的文件

6.1.4 极化矩阵提取

打开 PolSARpro Bio 模块的主界面,通过 Environment→Single Data Set 来选择数据类型,在弹出的对话框中选择数据输入目录,点击 Save & Exit 保存输入目录。点击 Import,在卫星传感器类型中选择 Radarsat-2→Quad Pol 打开数据输入对话框。

6.1.4.1 数据输入

(1)选择结果输出目录,默认为输入目录(图6-3),可自行设置其他路径。
(2)选择雷达数据输入文件 product.xml。
(3)在 Output Scaling Look-Up-Table(LUT)复选框中选择 Sigma-Nought 选项。
(4)点击 Read Header 读取头文件,可以将图像数据对应读入散射矩阵。
(5)点击 OK 运行。

软件可以针对极化雷达图像提取 S_2 矩阵,同时能够分别针对单站和双站后向散射的全极化图像提取 C_3、T_3 矩阵和 C_4、T_4 矩阵。

图6-3 数据输入界面

6.1.4.2 极化矩阵提取流程

在主界面菜单栏中,点击 Import→Extract PolSAR Image 打开矩阵提取对话框(图6-4)。

6 极化SAR图像处理

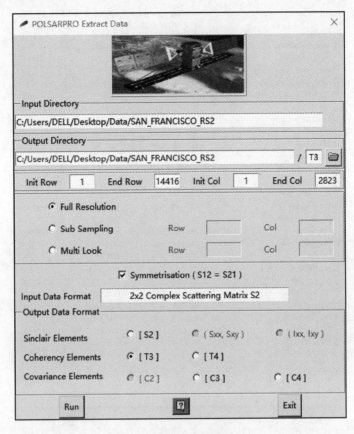

图6-4 极化矩阵提取对话框

(1)选择结果输出目录。

(2)选择输出图像的尺寸(Full Resolution),也可以根据行列对图像进行裁剪(Sub Sampling)和多视(Multi Look)处理。

(3)在下方选择需要输出的矩阵类型,此处选择"T3"。

(4)点击 Run 运行。

在输出目录中将自动生成"T3"文件夹(图6-5),包含图像信息、掩膜文件、PauliRGB图像和波段文件。

6.1.4.3 RGB图生成

通过功能键进行 RGB 的 BMP 文件创建。具体流程如下:点击 Display,进入文件创建界面,选择 Create RGB File 选项,进入文件创建参数设置界面,然后进行参数选择(图6-6)。

(1)构成方式选择:①Pauli 基构成;②Sinclair 矩阵构成;③自选文件组合构成。

(2)颜色通道对比增强(Color Channel Contrast Enhancement):①独立通道(Independant);②共通道(Common)。其中 Automatic 控制通道颜色,取消勾选则可自行选择通道颜色强度,本次处理选择自动选取。PauliRGB 的 BMP 结果图见附图2。

名称	修改日期	类型	大小
config.txt	2021/8/31 9:15	文本文档	1 KB
config_mapinfo.txt	2021/8/31 9:15	文本文档	1 KB
mask_valid_pixels.bin	2021/8/31 9:15	BIN 文件	158,971 KB
mask_valid_pixels.bin.hdr	2021/8/31 9:15	HDR 文件	1 KB
mask_valid_pixels.bmp	2021/8/31 9:15	BMP 文件	39,758 KB
mask_valid_pixels.bmp.hdr	2021/8/31 9:15	HDR 文件	1 KB
PauliRGB.bmp	2021/8/31 9:15	BMP 文件	119,270 KB
PauliRGB.bmp.hdr	2021/8/31 9:15	HDR 文件	1 KB
T11.bin	2021/8/31 9:15	BIN 文件	158,971 KB
T11.bin.hdr	2021/8/31 9:15	HDR 文件	1 KB
T12_imag.bin	2021/8/31 9:15	BIN 文件	158,971 KB
T12_imag.bin.hdr	2021/8/31 9:15	HDR 文件	1 KB
T12_real.bin	2021/8/31 9:15	BIN 文件	158,971 KB
T12_real.bin.hdr	2021/8/31 9:15	HDR 文件	1 KB
T13_imag.bin	2021/8/31 9:15	BIN 文件	158,971 KB
T13_imag.bin.hdr	2021/8/31 9:15	HDR 文件	1 KB
T13_real.bin	2021/8/31 9:15	BIN 文件	158,971 KB
T13_real.bin.hdr	2021/8/31 9:15	HDR 文件	1 KB
T22.bin	2021/8/31 9:15	BIN 文件	158,971 KB
T22.bin.hdr	2021/8/31 9:15	HDR 文件	1 KB
T23_imag.bin	2021/8/31 9:15	BIN 文件	158,971 KB
T23_imag.bin.hdr	2021/8/31 9:15	HDR 文件	1 KB
T23_real.bin	2021/8/31 9:15	BIN 文件	158,971 KB
T23_real.bin.hdr	2021/8/31 9:15	HDR 文件	1 KB
T33.bin	2021/8/31 9:15	BIN 文件	158,971 KB
T33.bin.hdr	2021/8/31 9:15	HDR 文件	1 KB

图 6-5 "T3"文件夹

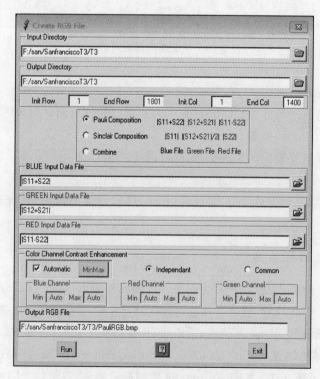

图 6-6 RGB 的 BMP 文件设置面板

6.2 极化目标分解

极化目标分解技术能够实现从极化 SAR 数据中提取不同散射机制或极化特征参数,从而解译和判读目标散射机理。极化目标分解主要分为相干分解和非相干分解。非相干分解又分为基于特征值的非相干分解和基于模型的非相干分解。相干分解主要基于散射矩阵 S,非相干分解主要基于极化协方差矩阵 C_3 或极化相干矩阵 T_3。本节将分别介绍常用的三种分解方法:$H/A/\alpha$ 分解、Freeman-Durden 三分量分解和 Yamaguchi 四分量分解。

极化目标分解可用 SNAP 或 PolSARpro 软件实现,本节以 PolSARpro 软件为例。

6.2.1 $H/A/\alpha$ 分解法

利用特征值分解技术,Cloude-Pottier 将目标极化相干矩阵 T_3 分解为三个相互独立的目标之和,其分解过程表示为

$$T_3 = U_3 \sum U_3^{-1} = \sum_{i=1}^{3} \lambda_i T_{3i} = \sum_{i=1}^{3} \lambda_i u_i u_i^{*T} \tag{6-9}$$

式中:$\sum$ 为一个 3×3 的对角矩阵,其矩阵元素对应 T_3 矩阵的三个特征值 λ_1、λ_2、λ_3,且满足 $\lambda_1 > \lambda_2 > \lambda_3$,分别描述三个目标的散射权重;$U_3 = [u_1 \, u_2 \, u_3]$ 由三个特征值对应的单位特征向量 u_i 组成;T_{3i} 为每个独立目标对应的极化相干矩阵。特征值具有旋转不变性,其分布存在两种极端情况:①当只存在一个非零特征值时,意味着单一散射目标情况;②当三个特征值相等时,意味着完全随机散射情况。其他介于两者之间的属于一般情况,需要进一步分析各个散射机制的特征,因此 Cloude 等(1997)定义了几种极化特征参数,用于极化散射机理分析。

(1)极化散射熵 H:描述目标散射过程的统计随机性。

$$H = \sum_{i=1}^{N} -P_i \log_N P_i, P_i = \frac{\lambda_i}{\sum_{j=1}^{N} \lambda_j} \tag{6-10}$$

式中:P 为散射机制对应的伪概率;N 为极化维度,对应于单站散射情况,$N=3$;散射熵 H 参数可由特征值导出,因此也具有旋转不变性。其物理解释为:当散射熵值较低($H<0.3$)时,散射随机性低,目标散射可以等效看成由对应主导散射机制的单目标描述,只保留最大特征值对应的散射特征矢量,忽略其他两个;当散射熵值较大时,散射随机性高,目标散射呈现严重的去极化状态,不能再用单目标描述,需要从特征分布谱考虑各种散射类型的混合情况;当散射熵 $H=1$ 时,极化信息完全失去,目标散射被认为是随机噪声。

(2)极化散射各向异性 A:描述第二个特征值 λ_2 与第三个特征值 λ_3 的相对大小。

$$A = \frac{\lambda_2 - \lambda_3}{\lambda_2 + \lambda_3} \tag{6-11}$$

各向异性 A 主要是极化散射熵 H 的补充。在熵值较低时,由于第二和第三特征值极大

地受到噪声影响,各向异性 A 也相应受到极大影响。因此,一般当 $H>0.7$ 时,参数 A 才被用于散射机制的进一步识别。较低的各向异性值会出现在单目标散射情况或者随机散射情况中;较高的各向异性值表明除了考虑主要散射机制外,也需要考虑第二种散射机制。

(3)极化平均散射角 $\bar{\alpha}$:识别主要目标散射机制。特征向量可以参数化为如下形式

$$\bar{\alpha} = \sum_{i=1}^{3} P_i \alpha_i \tag{6-12}$$

当 $\bar{\alpha}=0$ 时,目标散射为表面散射;当 $\bar{\alpha}=45°$ 时,目标散射为偶极子散射;当 $\bar{\alpha}=90°$ 时,目标散射为二面角散射。

在菜单栏选择 Process→H/A/Alpha Decomposition→Decomposition Parameters 打开 $H/A/\alpha$ 分解对话框,具体操作流程如下(图6-7)。$H/A/\alpha$ 分解结果如图6-8所示。

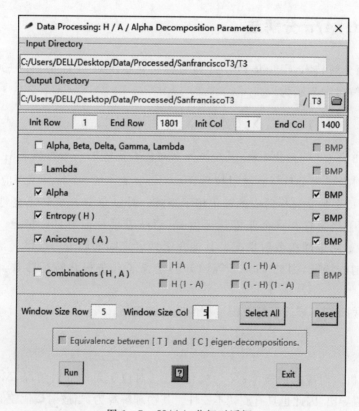

图 6-7 $H/A/\alpha$ 分解对话框

(1)选择输出目录。

(2)点击需要输出的参数 Alpha、Entropy(H)和 Anisotropy(A),同时在对应参数后面可以选择是否输出 BMP 图像。

(3)设置窗口大小为5,如果已经做过滤波处理,窗口大小可以设置为1。

(4)点击 Run 运行。

(a) Entropy(H)　　　　　　　(b) Anisotropy(A)　　　　　　　(c) Alpha

图 6-8　$H/A/\alpha$ 分解结果

6.2.2　Freeman-Durden 三分量分解法

Freeman-Durden 三分量分解法是最早提出的基于模型的非相干目标分解方法。它将地表散射类型分解为表面散射、二面角散射和体散射三种类型的线性和，分别建立每种散射机制的散射模型。

（1）表面散射模型：利用微粗糙度的一阶 Bragg 散射模型描述，忽略交叉极化项，其对应的极化散射矩阵 S 为

$$S = \begin{bmatrix} R_H & 0 \\ 0 & R_V \end{bmatrix} \tag{6-13}$$

式中：R_H 和 R_V 分别为水平和垂直 Bragg 反射系数，依赖于入射角 θ 和地表介电常数 ε_S。对 S 矩阵进行 Pauli 基矢量化后可以得到对应的极化相干矩阵

$$T_s = \begin{bmatrix} 1 & \beta^* & 0 \\ \beta & |\beta|^2 & 0 \\ 0 & 0 & 0 \end{bmatrix}, \beta = \frac{R_H - R_V}{R_H + R_V} \tag{6-14}$$

其中，理论上 β 是一个复系数，依赖于两个 Bragg 反射系数。然而，对于微波照射下的大多自然地表，其虚部远小于实部，因此在参数求解时根据需要可忽略其虚部，即 $\beta \approx Re(\beta)$。

（2）二面角散射模型：描述两个相互正交的同质或者异质散射表面构成的二面角结构的散射情况，如森林区域的地面-树干结构。利用 Fresnel 反射系数建立散射矩阵 S，忽略交叉极化项，其形式为

$$S = \begin{bmatrix} e^{2j\gamma_H} R_{TH} R_{SH} & 0 \\ 0 & e^{2j\gamma_V} R_{TV} R_{SV} \end{bmatrix} \tag{6-15}$$

式中：γ_H 和 γ_V 分别为电磁波传播过程 HH 极化和 VV 极化引起的相位变化；R_{SH} 和 R_{SV} 分别

为水平地表的水平和垂直 Fresnel 反射系数;R_{TH} 和 R_{TV} 分别为垂直表面的水平和垂直 Fresnel 反射系数,分别依赖于两个表面的局部入射角和介电常数。

对 S 矩阵进行 Pauli 基矢量化后可以得到对应的极化相干矩阵

$$T_d = \begin{bmatrix} |\alpha|^2 & \alpha & 0 \\ \alpha^* & 1 & 0 \\ 0 & 0 & 0 \end{bmatrix} \quad (6-16)$$

式中,α 是一个复系数,依赖于 Fresnel 反射系数和相位差。

(3)体散射模型:采用均匀分布随机取向的偶极子散射描述。一个长圆柱体形状的垂直偶极子的 S 矩阵可以表示为

$$S = \begin{bmatrix} 0 & 0 \\ 0 & 1 \end{bmatrix} \quad (6-17)$$

假设散射体随机取向,沿着雷达视线方向旋转角度 θ,则旋转后的 S 矩阵为

$$S(\theta) = R_2(\theta) S R_2^H(\theta) = \begin{bmatrix} \sin^2\theta & \sin\theta\cos\theta \\ \sin\theta\cos\theta & \cos^2\theta \end{bmatrix}, R_2(\theta) = \begin{bmatrix} \cos\theta & \sin\theta \\ -\sin\theta & \cos\theta \end{bmatrix} \quad (6-18)$$

对 S 矩阵进行 Pauli 基矢量化后可以得到对应的极化相干矩阵

$$T(\theta) = \begin{bmatrix} \dfrac{1}{2} & -\dfrac{\cos 2\theta}{2} & \dfrac{\sin 2\theta}{2} \\ -\dfrac{\cos 2\theta}{2} & \dfrac{\cos 4\theta}{4} + \dfrac{1}{4} & -\dfrac{\sin 4\theta}{4} \\ \dfrac{\sin 2\theta}{2} & -\dfrac{\sin 4\theta}{4} & -\dfrac{c\cos 4\theta}{4} + \dfrac{1}{4} \end{bmatrix} \quad (6-19)$$

Freeman 等(1998)假定随机取向服从均匀分布,即概率密度函数 $p(\theta) = 1/2\pi$,可得到最终的体散射模型

$$T_v = \int_{-\pi}^{\pi} T(\theta) p(\theta) d\theta = \dfrac{1}{4} \begin{bmatrix} 2 & 0 & 0 \\ 0 & 1 & 0 \\ 0 & 0 & 1 \end{bmatrix} \quad (6-20)$$

假定每种散射特征互不相关,则目标二阶统计量可以看成三个散射分量对应的二阶统计量之和。因此,Freeman-Durden 三分量分解方法可将目标极化相干矩阵分解为

$$T = f_s T_s + f_d T_d + f_v T_v = \begin{bmatrix} f_s + f_d |\alpha|^2 + \dfrac{2}{4} & f_s \beta^* + f_d \alpha & 0 \\ f_s \beta + f_d \alpha^* & f_s |\beta|^2 + f_d + \dfrac{f_v}{4} & 0 \\ 0 & 0 & \dfrac{f_v}{4} \end{bmatrix}$$

$$(6-21)$$

式中,f_s、f_d、f_v 分别表示对应三个散射分量的散射系数。散射分量建模时假设满足反射对称条件,参与 Freeman-Durden 分解参数求解的只有四个等式,共提供五个实数观测量,即主对角线提供的三个和 T_{12} 项提供的两个,而未知参数包含 f_s、f_d、f_v、α、β 共五个实数未知数。由于只有体散射贡献交叉极化项,可以最先求出体散射系数 f_v。

剩余三个方程中有四个未知数,由于方程数少于未知数,在数学上求解是一个欠定问题,因而有无穷多组解。为了求解,Freeman-Durden 三分量分解法引入 Van Zyl(1989)提出的分支条件,即根据 $Re(S_{HH}S_{VV}^*)$ 的符号来判断剩余主导散射机制是表面散射还是二面角散射,并固定相应参数值进行求解。

在主界面菜单栏选择 Process→Polarimetric Decomposition→Freeman3 Component Decomposition 打开 Freeman 分解对话框(图 6-9)。

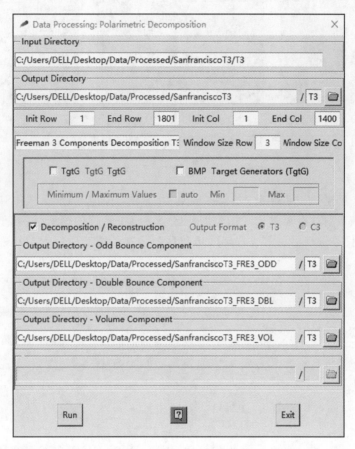

图 6-9 Freeman 分解对话框

选择输出目录和窗口大小,勾选是否输出 BMP 图像,点击 Run 运行,即可得到 Freeman 分解的三个分量结果,如图 6-10 所示,彩色合成图见附图 3。

6.2.3 Yamaguchi 四分量分解法

为了使分解方法更广泛地适用于散射体具有复杂几何散射结构的情况,Yamaguchi 等(2005)在三分量散射模型的基础上提出了一个四分量散射模型,该模型修正了体散射机制的散射矩阵,同时引入了第四种散射成分来表征反射对称假设不成立的情况,等价于一个螺

图 6-10　Freeman 目标分解的各散射机制成分的功率

旋散射体的散射功率。

(1) 螺旋散射模型：螺旋散射体的散射功率项，对应于关系式 $\langle S_{HH}^* S_{HV} \rangle \neq 0$ 和 $\langle S_{HV} S_{VV}^* \rangle \neq 0$，该散射成分通常出现在非均匀区域。根据目标的螺旋性，对于所有线性极化入射波，螺旋体目标将产生左旋或右旋圆极化回波。左手螺旋体目标和右手螺旋体目标的散射矩阵形式分别为

$$S_{\text{L-helix}} = \frac{1}{2}\begin{bmatrix} 1 & j \\ j & -1 \end{bmatrix} \tag{6-22}$$

$$S_{\text{R-helix}} = \frac{1}{2}\begin{bmatrix} 1 & -j \\ -j & -1 \end{bmatrix} \tag{6-23}$$

由散射矩阵 S 可得到左手/右手螺旋体的极化相干矩阵

$$T_c = \frac{1}{2}\begin{bmatrix} 0 & 0 & 0 \\ 0 & 1 & \pm j \\ 0 & \mp j & 1 \end{bmatrix} \tag{6-24}$$

(2) 体散射模型：在体散射的理论模型中，构成云状散射体的随机取向偶极子的取向角概率服从均匀分布。然而，在植被覆盖区域，垂直结构相对占优势，来自树干和树枝的散射回波显示散射体的取向角不服从均匀分布。于是，提出一个新的概率分布

$$p(\theta) = \begin{cases} \dfrac{1}{2}\cos\theta, & |\theta| < \pi/2 \\ 0, & |\theta| > \pi/2 \end{cases} \tag{6-25}$$

式中，θ 为偶极子散射体与水平轴线方向的夹角。假设体散射模型是一片由若干随机取向的在水平方向上或垂直方向上非常细的类圆柱体构成的散射体云，则其极化相干矩阵分别为

$$T_v = \frac{1}{30}\begin{bmatrix} 15 & 5 & 0 \\ 5 & 7 & 0 \\ 0 & 0 & 8 \end{bmatrix} \tag{6-26}$$

$$T_v = \frac{1}{4}\begin{bmatrix} 2 & 0 & 0 \\ 0 & 1 & 0 \\ 0 & 0 & 1 \end{bmatrix} \quad (6-27)$$

$$T_v = \frac{1}{30}\begin{bmatrix} 15 & -5 & 0 \\ -5 & 7 & 0 \\ 0 & 0 & 8 \end{bmatrix} \quad (6-28)$$

根据同极化的后向散射功率$\langle|S_{HH}|^2\rangle$与$\langle|S_{VV}|^2\rangle$之比,可以确定使用哪种体散射模型。假设体散射、二面角散射、表面散射和螺旋散射成分之间互不相关,则总的二阶统计量是上述每个独立散射机制成分的统计量之和。因此,总的散射模型为

$$T = f_s T_s + f_d T_d + f_v T_v + f_c T_c \quad (6-29)$$

该模型包含五个方程、六个未知量,依据分支条件可以进行最终的求解。

在主界面菜单栏选择 Process→Polarimetric Decomposition→Yamaguchi 4 Component Decomposition 打开 Yamaguchi 分解对话框(图 6-11)。

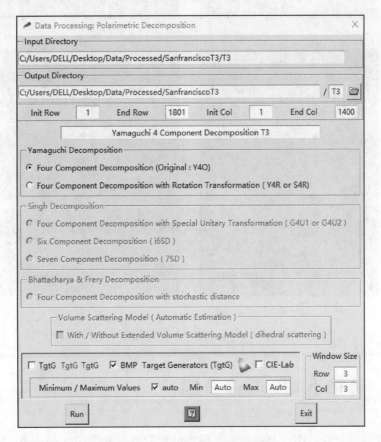

图 6-11 Yamaguchi 分解对话框

选择输出目录,可选择进行原始的 Yamaguchi 分解或改进的基于旋转的 Yamaguchi 分解,勾选是否输出 BMP 图像并输入窗口大小,点击 Run 运行,即可得到 Yamaguchi 分解的

四个分量结果,如图 6-12 所示,前三个分量彩色合成图见附图 4。

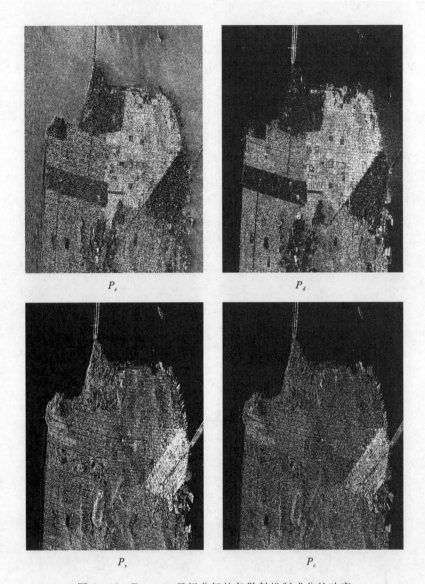

图 6-12　Freeman 目标分解的各散射机制成分的功率

6.3　极化 SAR 图像分类

　　合成孔径雷达(SAR)图像分类是遥感图像分类的重要组成部分,是 SAR 图像解译的重要研究内容,在地质勘探、地形制图、植被生长状况评估、城市规划及海洋监测等方面都有广泛的应用。其中,极化 SAR 测量能获得目标更丰富的信息,已成为 SAR 图像分类的主要研究方向。

极化SAR图像分类的目的是利用机载或星载传感器获得的极化测量数据,确定每个像素所属的类别。主要的分类方式分为两大类:非监督分类和监督分类。前者通过聚类或按特定的散射类型(奇次散射、偶次散射、体散射等)来划分类别,后者主要根据选择的地物样本(如海洋、城市、森林、农田等)进行分类。极化SAR图像分类的基本流程为预处理→特征提取→分类→结果处理。其中,特征提取是关键。

6.3.1 非监督分类

非监督分类是一种无先验类别标准的分类方法。非监督分类的步骤为:对于待研究的对象和区域,没有已知类别或训练样本作为标准,而是利用图像数据本身能在特征测量空间中聚集成群的特点,先形成各个数据集,然后再核对这些数据集所代表的物体类别。非监督分类方法包括两类:一类是进行聚类分析或点群分类。当图像中包含的目标不明确或没有先验确定的目标时,则需先将像元进行聚类,用聚类方法将遥感数据分割成比较匀质的数据群,把它们作为分类标准,在此类别的基础上确定其特征量,继而进行类别总体特征的测量。另一类是基于目标散射机制分析。本书主要介绍使用的非监督方法是目标散射机制,包括H/A/Alpha Classification 和 H/A/Alpha Wishart Classification 两种分类方法,其区别为有无Wishart分类器。这两种分类方法的目的是将随机介质的极化测量分离成独立的元素,而这些元素与地面上发生的各种物理散射机制相关联。下面使用旧金山RADARASAT-2全极化SAR数据,介绍PolSARpro软件非监督分类过程。

6.3.1.1 数据输入与信息提取

打开PolSARpro中PolSARpro Bio模块进行数据导入:点击Single Data Set 添加主要输入路径,即将"T3"数据的上一级文件进行数据导入。

6.3.1.2 数据处理

可以从上述的PauliRGB.bmp文件中看到,图像受噪声影响,因此需要进行极化滤波处理。

(1)点击Process,选择Polarimetric Speckle Filter下的Box-Car Filter,可得到如图6-13所示界面。

(2)窗口大小可默认7,也可根据需求自行选择,点击Run获取滤波后的T_3矩阵。创建滤波后的PauliRGB.bmp查看滤波效果,图6-14(a)为滤波前图像,图6-14(b)为滤波后图像,可见噪声得到明显抑制。

6.3.1.3 H/A/Alpha 分类

点击Process,选择Polarimetric Segmentation下的H/A/Alpha Classification,打开分类参数设置框,如图6-15所示,面板分为三大块。

可根据所需选择对应的分类方法。

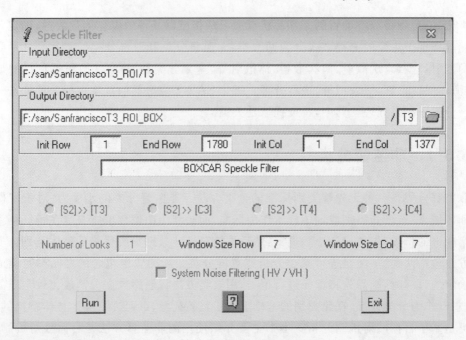

图 6-13 滤波参数设置面板

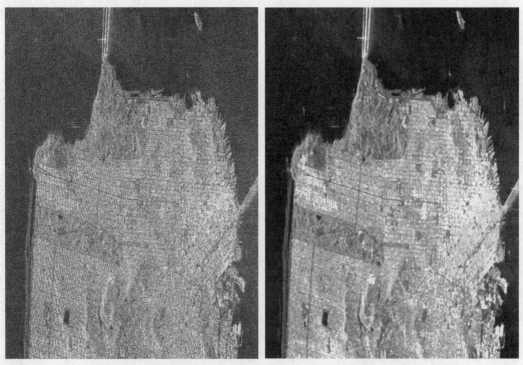

(a)滤波前创建的Pauli图　　　　　　　(b)滤波后创建的Pauli图

图 6-14 滤波前后对比图

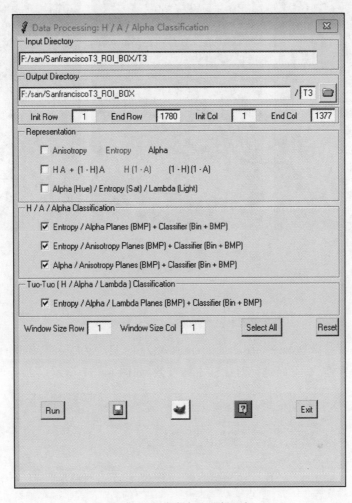

图 6-15 分类方法选择面板

(1)参数描述。包括:H、A、Alpha、HA+(1−H)A、H(1−A)、(1−H)(1−A)、Alpha(Hue)、Entropy(Sat)、Lambda(Light)。

(2)分类方法选择。分类方法主要分为两大类:一类是基于特征参数的分类方法;另一类则是基于特征值的分类方法。基于特征参数的分类包括:①H_alpha 平面分类;②H_A 平面分类;③Alpha_A 平面分类。基于特征值的分类包括:①H_Alpha_lambda 平面分类;②H_Alpha_lambda1 平面分类;③H_Alpha_lambda2 平面分类;④H_Alpha_lambda3 平面分类。这里将两类方法都进行勾选。

(3)窗口选择。由于已进行滤波操作,无需再次重复,窗口选择为1。

(4)点击 Run 进行分类。分类结束后可以得到 11 个文件,包括四个特征参数(Entropy、Anisotropy、Alpha 和 Lambda)和七个上述内容中提到的分类结果。图 6-16 仅展示三个结果图,其余影像可在文件目录中查看。

(a) Lambda特征图　　　　　　(b) H_a_Lambda分类图　　　　　　(c) A_a分类图

图 6-16　特征参数和分类结果图

6.3.1.4　H/A/Alpha Wishart 分类

点击 Process,选择 Polarimetric Segmentation 下的 H/A/Alpha Wishart Classification,打开分类参数设置框,在下面选择对话框中的参数,如图 6-17 所示。

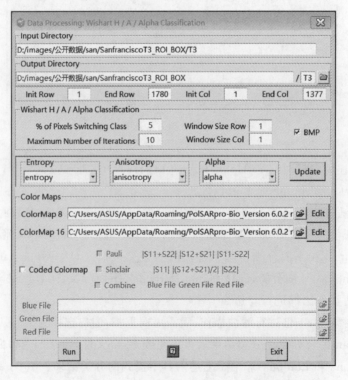

图 6-17　H/A/Alpha Wishart Classification 参数设置面板

(1)像素类(Pixels Switching Class):5,可自行更改。
(2)最大迭代次数(Maximum Number of Iterations):默认值为10,可自行选择。
(3)窗口大小选择(Window Size)有以下两种情况。①已进行滤波:窗口大小选择1;②未进行滤波:窗口可更改为期望值。
(4)输入 Entropy、Anisotropy 和 Alpha 的参数。
(5)点击 Run,执行分类。

图 6-18 是 H-A-Alpha Wishart Classification 分类结果图。

(a) Wishart_H_alpha 分类图   (b) Wishart_H_A_alpha 分类图

图 6-18　H/A/Alpha Wishart Classification 分类结果图

补充:PolSARpro_v6.0_Biomass_Edition 还包括 H/u/v Classification、Scattering Model Based-Wishart Classification、Unified Huynen Classification、Fuzzy-H/Alpha Classification 和 Rule-Based Hierarchical Classification 等分类方法。

6.3.1.5　制图

以 Wishart_H_alpha 分类图为例,对照 Google 图像(图 6-19)确定分类图的类别属性。通过图像查看,这里我们获取四个标签类别,即海洋、植被、方向性建筑物、居民房。确定类别后,利用 GIS 出图软件添加图例、比例尺、指北针和经纬网,结果如图 6-20 所示。

图 6-19 旧金山 Google 图像

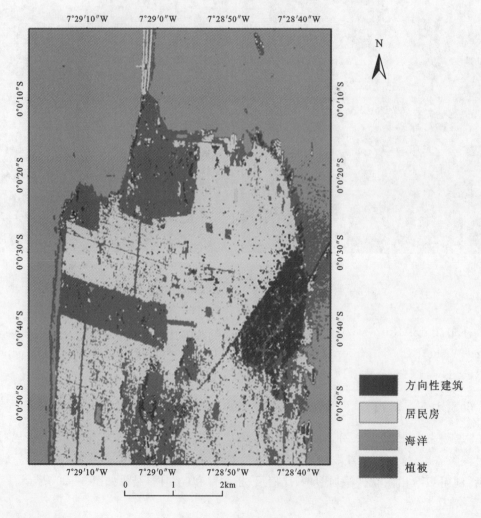

图 6-20 最终分类图

6.3.1.6 感兴趣区选取

(1)当需要截取部分区域进行分类时点击 Tools,选择 Data Set Management 下的 ROI Extraction(注意该操作仅能选一个感兴趣区),进入 ROI Extraction 界面(图 6-21)。

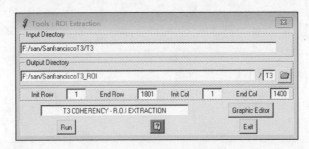

图 6-21 感兴趣区选择界面

(2)点击 Graphic Editor,当弹出警告提示打开一个 BMP 文件来进行感兴趣区的选择时,点击 Yes,进入感兴趣区编辑界面;接着选择上一步创建的独立通道下的 PauliRGB.bmp 文件作为勾选感兴趣区的图像,点击打开,进入如图 6-22 所示的界面。

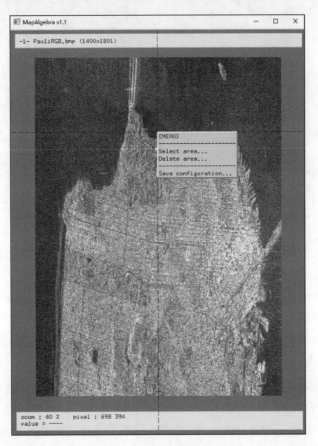

图 6-22 感兴趣区编辑界面

(3)在弹出的图像窗口中点击鼠标右键,显示编辑栏菜单,其中:Select area,选择感兴趣区(可以是多边形);Delete area,删除感兴趣区;Save configuration,将所勾选的感兴趣区保存为.txt文件。

(4)点击Select area,选择感兴趣区。选择方法与勾选样本的方法一致。

(5)结束感兴趣区的绘制。点击鼠标右键,选择Save configuration,结束绘制感兴趣区并保存下来。如果选择Select area和Delete area,则可以重新绘制感兴趣区。该操作仅能选择一个感兴趣区。

(6)点击Run,再点击Yes,创建感兴趣区文件。成功后,会弹出一个掩膜文件和生成一个文件夹,进入文件夹可以看到一个"T3"文件夹,进入"T3"文件夹可以看到截取区域的相干矩阵数据(图6-23)。

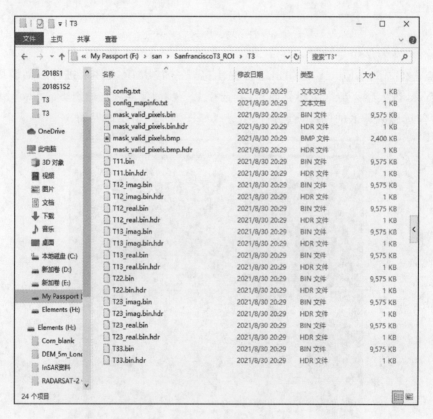

图6-23 掩膜文件和ROI"T3"文件

6.3.2 监督分类

遥感图像监督分类是一种有先验类别标准的分类方法。首先要从预分类的图像区域中选定一些训练样区来建立分类标准,在这些训练样区中地物的类别是已知的,然后计算机将按同样的标准对整个图像进行识别和分类。它是一种由已知样本外推未知区域类别的方法，即从图像上已知目标类别区域中提取数据，统计出代表总体特征的训练数据，然后进行分类。在采用这种方法时必须事先知道图像中包含哪几种地物类别。

在 PolSARpro 中常用的监督分类有 Wishart Supervised Classification 和 SVM Supervised Classification。下面基于旧金山 RADARSAT-2 全极化 SAR 数据，介绍 PolSARpro 软件的两种监督分类。

6.3.2.1 Wishart 监督分类

Wishart 监督分类是常用的极化 SAR 数据监督分类方法，该分类是基于复 Wishart 分布的极大似然分类，但是该分布仅在均匀区域的建模中效果比较好，也就是说，Wishart 监督分类一般只能在均匀区域地物分类中取得较好的效果。对于不均匀区域的多极化通道 SAR 图像的建模，至今仍是研究的热点和难点。近几年，提出的 K 分布、G_0 分布、W 分布都有其局限性，对它们进行精确的建模，对于 SAR 滤波、目标识别、分类都具有非常重要的意义，尤其是对军事上的目标识别（例如舰艇、坦克等）意义重大。下面介绍 Wishart Supervised Classification 的具体操作。

1. 数据输入与信息提取

打开 PolSARpro 中 PolSARpro Bio 模块进行数据导入：点击 Single Data Set 添加主要输入路径，即"T3"数据的上一级文件进行数据导入。

2. 数据处理

可以从上述的 BMP 文件中看到，图像受噪声影响，因此需要进行极化滤波处理，此处采用 Box-Car Filter，窗口大小为 9。

3. 创建训练样本

（1）点击 Process，选择 Polarmetric Segmentation 下的 Wishart Supervised Classification，得到分类参数设置面板（图 6-24）。

（2）分类配置（Classification Configuration）。窗口设置为 1，取消勾选拒绝类（Reject Class），勾选混淆矩阵（Confusion Matrix）。

（3）颜色地图（Color Maps）。Color Map16 定义样本标注的颜色。

（4）创建训练样本（Traing Areas）。点击 Graphic Editor，得到警告提示——需要打开一个 BMP 文件，点击 Yes；选择 6.1.4.3 小节中创建的 PauliRGB. bmp 图像，点击打开，得到训练样本编辑窗口。

（5）训练样本的创建过程。在窗口中点击鼠标右键，会弹出一个菜单栏，其操作如下：

(a) Add a new class：添加一个新类。

(b) Select area：选择一个样本区域。

(c) Delete area：删除一个样本区域。

(d) Save configuration：保存建立的样本区域，存储为 .txt 文件（勾选好全部样本点击这个选项，注意这个按键不是结束一个训练样本的绘制，而是直接结束整个训练样本选择过程）。

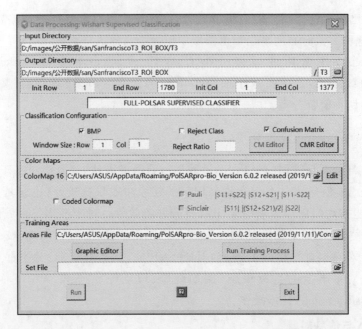

图 6-24　Wishart Supervised Classification 参数设置面板

(6)该窗口工具与 ROI Extract 工具快捷键有点类似,但是有所不同,具体区分点为:

(a)平移:按住鼠标左键拖动。

(b)放大:鼠标滚轮往后滚动。

(c)缩小:鼠标滚轮往前滚动。

(7)在窗口点击鼠标右键创建类别。点击 Add a new class(每次点击,Class Num 都会加1,但是无法编辑类别名(数字序号),例如改为字符串的形式"water",因此,操作时需要清楚选择的类别是什么,当第一次点击 Add a new class 无法选择样本时需要再次点击,即可选取样本。

(8)移动鼠标到某个位置,放大(缩小)图像,点击鼠标左键完成一个多边形端点(锚点),再移动鼠标到需要创建端点的位置,反复操作若干次,直至完成该样本区域(注:如果选错多边形端点,不能仅仅修改或删除已选错的端点,而需通过删除整个多边形,重新勾选多边形来实现修改)。结束一个样本需要点击鼠标右键,具体操作步骤:选择 Select Area,此时会出现一个端点,点击鼠标右键,选择 Delete Area,端点就会消失,此时即可进行下一个样本选择。

(9)第一类样本结束选择后,点击 Add a new class 创建新的类,操作与第一类样本选择一致,直至完成所有类别样本选择。

(10)点击鼠标右键,选择 Save configuration,保存样本区域数据,此时会发现 Run Training Process 图标被点亮。

本次分类选了四个类别:海洋、植被、建筑、航空建筑(图 6-25)。

4. 训练样本

点击 Run Training Process,训练样本,完成后会生成类别中心集(Set File),如图 6-26所示。

6 极化 SAR 图像处理

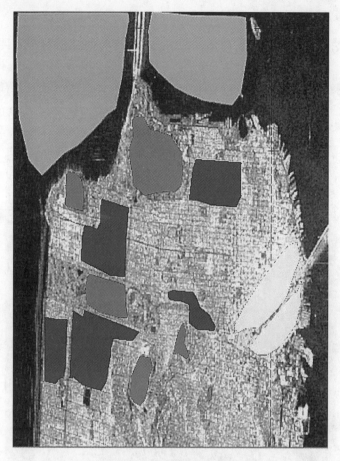

图 6-25 训练样本选取图

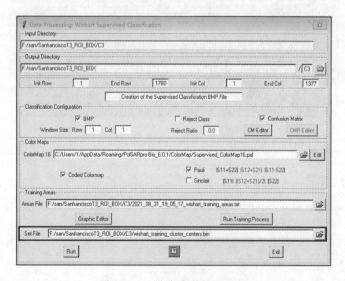

图 6-26 分类参数设置面板

5. 分类

点击 Run，执行分类，分类结果如图 6-27 所示，此时会弹出三个文件，其中：wishart_training_cluster_set.bmp 为训练样本分布图，wishart_classified_cluster_set_1x1.bmp 为训练样本 Wishart 聚类图，wishart_supervised_classs_1x1.bmp 为分类结果图（其中 1x1 为滤波窗口参数），我们需要的最终分类图为 wishart_supervised_classs_1x1.bmp。

图 6-27 Wishart 监督分类结果图

6. 查看混淆矩阵

点击 CM Editor 或者在文件目录找到 wishart_confusion_matrix_1x1.txt，均可以查看混淆矩阵。

6.3.2.2 SVM 监督分类

支持向量机（support vector machine，SVM）算法具有小样本训练、支持高维特征空间的特点，可以很好地避免"维数灾难"问题。该算法成熟稳定，效果通常较好，目前在语音识别、

6 极化 SAR 图像处理

自然语言处理、计算机视觉、遥感图像分类等多个领域仍被大量使用。下面介绍 SVM 监督分类的具体操作过程。

在进行分类之前需要进行特征提取，在 6.2.1 节中已经获取 H、A、$Alpha(\alpha)$ 三个参数，因此这里仅展示提取 T11_mod.bin、T22_mod.bin 和 Span.bin 文件的过程：点击 Process，选择 Matrix Elements，进入矩阵系数选择面板，Modulus 代表模，$10\log(Modulus)$ 为 dB 值，由于该数据为复数数据，因此"T12""T13"和"T23"具有相位值，可根据需求进行选择，同时也可勾选 BMP 文件。这里勾选了"T11""T22"和"Span"的模值，进行分类时不需要 BMP 文件，因此可不作选择。点击 Run，等待软件运行，运行结束后可在"T3"文件夹中查看参数（图 6-28）。

图 6-28 参数提前选择面板和参数查看

接下来进行 SVM 监督分类。点击 Process，选择 Polarimetric Segmentation 下的 SVM Supervised Classification，进入 SVM 监督分类设置面板（图 6-29），在面板中可以看到进行 SVM 监督分类的六个步骤。

(1) 训练样本(Training Areas)。创建训练样本并进行样本训练，为了和 Wishart 监督分类对比，这里选择的是上一步 Wishart 监督分类创建的感兴趣区域文件，也可以选择 Graphic Editor 按钮打开 RGB 图像，重新选择训练样本区域（图 6-30）。

(2) 分类配置(Classification Configuration)。勾选 BMP 文件和 confusion matrix，即保持默认设置。

图 6-29 SVM Supervised Classification 参数设置面板

(3)颜色图(Color Maps)。默认 Color Map16,Colormap 编码方式有两种:基于 Pauli 基和基于 Sinclair 矩阵,这里选择 Pauli(图 6-30)。

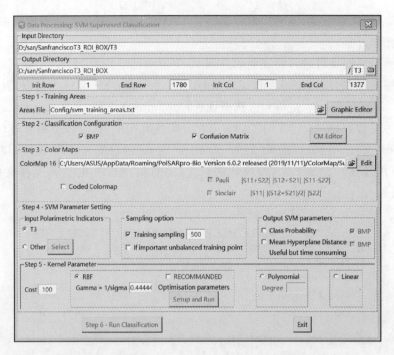

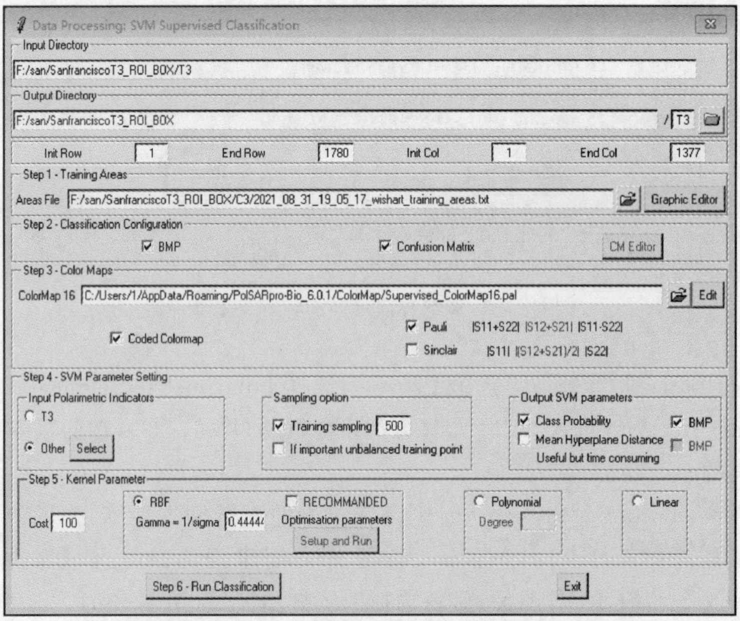

图 6-30 训练样本和 Color Map 设置

(4) SVM 参数设置(SVM Parameters Setting)。该步骤主要是选取分类特征,勾选 Other,点击 Select,得到特征选择面板(图 6-31);面板左框中的参数为已提取的所有特征,选择所需特征,点击向右的箭头,特征将加到右框中;选择完所需参数后点击 Exit and Save 保存所选结果并退出,回到分类参数设置面板,其他选项保持默认设置。

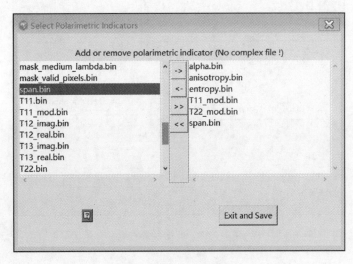

图 6-31 分类特征选择

(5) 参数优化(Kernel Parameter)。该步骤设置的是 SVM 核函数的类型:径向基核函数(Radial Basis Function,RBF,最常用的核函数)、Polynomial(多项式核函数,其下的 Degree 设置的是多项式函数的阶数)、Linear(线性核函数,即一次函数)。

(a) 勾选 RECOMMANDED(推荐参数)(图 6-32)。

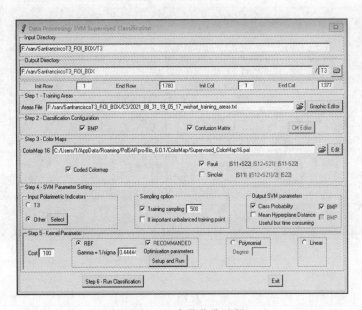

图 6-32 参数优化选择

(b)点击 Setup and Run,会在右边弹出小窗口(图 6-33)。

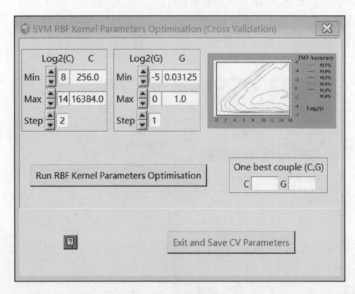

图 6-33 最优参数查询

(c)点击 Run RBF Kernel Paramete Optimisation,执行径向基核函数参数优化(图 6-34)。本书基于网格法对训练样本进行交叉验证(cross validation,CV),从而确定最优参数,主要确定参数 C 和 G,C 是指 Cost(惩罚系数 c),G 是指 Gamma(核函数宽度 g)。执行后会弹出一个命令行窗口,在窗口尾行可以查看进度(百分比,%)。

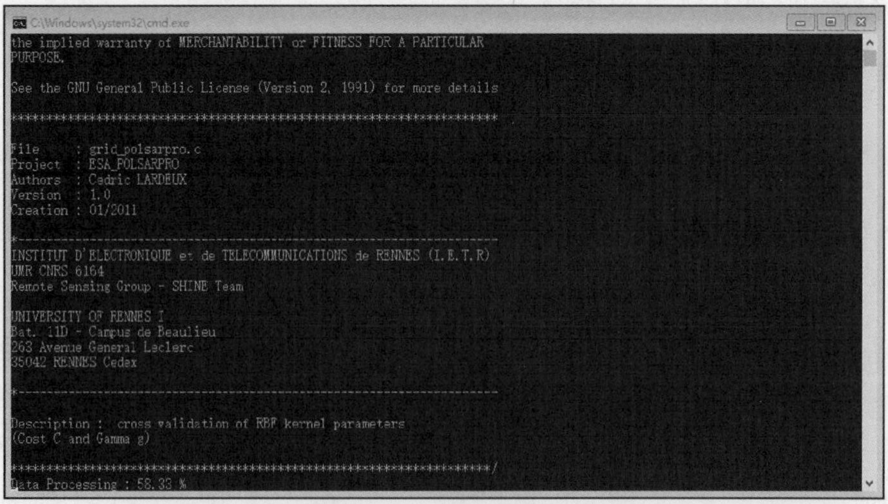

图 6-34 交叉验证进度图

完成后,命令行窗口自行消失,同时在右边小窗口可以看到找到的参数 C 和 G 的一个组合值，点击 Exit and Save CV Parameters，将会看到参数 C 和 G 的值发生了变化，正是寻优的结果值 1024、1.0000（图 6-35、图 6-36）。

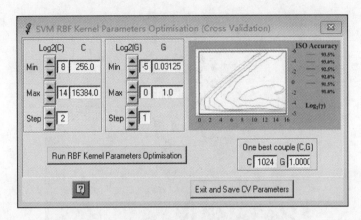

图 6-35　最优参数组合结果

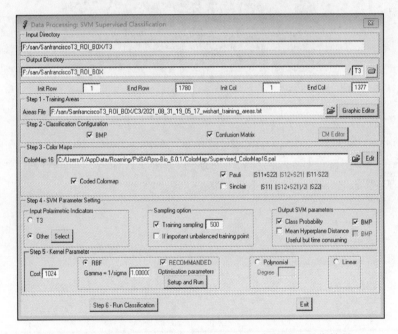

图 6-36　SVM Supervised Classification 参数设置最终结果

（6）执行分类（Run Classification）。点击 Step 6-Run Classification（图 6-36），执行后会弹出一个命令行窗口，显示 PolSARpro 执行 SVM Supervised Classification。完成后会弹出一个 bmp 图像（但这不是分类结果，这是之前勾选的概率图像），可以把弹出的 bmp 图像关闭。

（7）分类结果查看。回到目录 SanfranciscoT3_ROI_BOX\T3，分类结果文件名为 svm_classification_file。最终分类图如图 6-37 所示。

图 6-37 SVM 监督分类

除了 Wishart Supervised Classification 和 SVM Supervised Classification 两种监督分类以外,PolSARpro_v6.0_Biomass_Edition 还可以进行 G.P.F. Supervised Classification,分类操作与 Wishart Supervised Classification 一致。

7 雷达干涉测量处理

合成孔径雷达干涉测量(synthetic aperture radar interferometry,InSAR)技术是20世纪60年代产生的一项空间对地观测技术,它能够不受光照和天气条件的限制实现全天候、全天时对地观测,还可以穿透地表和植被获取地表的信息。借助合成孔径雷达图像中的相位信息,InSAR技术能够获取高精度、大范围的地表三维信息和变化信息。

本章中主要采用的是欧空局免费开放获取的Sentinel-1数据,所需软件为SARscape或SNAP,主要分为以下几个部分:①InSAR技术;②D-InSAR技术;③时序InSAR技术形变监测处理。

7.1 InSAR 技术

InSAR技术的出现与发展,使得我们能够更加精确地测量地表目标的位置及其微小形变,由此发展出的时间序列InSAR技术更是进一步推动了InSAR技术的发展。本节以InSAR技术为例,将详细介绍SARscape中的InSAR处理流程。

7.1.1 InSAR 处理流程

InSAR技术处理流程如下。

(1)图像配准。将需要处理的图像进行配准。图像配准是InSAR处理流程中的第一步,配准的质量对后续操作及DEM的精度都有影响。图像配准需先确定主图像与从图像,图像配准过程中的关键步骤是对同名点的选取。理论上,为了实现有效的干涉处理,配准精度需达到亚像素级(1/10像素)。

(2)生成干涉图。生成基于DEM/参考椭球的干涉图。生成的干涉图中还存在平地效应,平地效应会导致平坦的地面也存在干涉条纹,导致干涉条纹过于密集,对后续的相位解缠造成很大的影响,因此在相位解缠前需要去除平地效应。

(3)自适应滤波和相干性计算。对由平地干涉引起的相位噪声进行滤波,得到相干图和主图像强度图(滤波后)。相干性是两种信号相似程度的体现,不同地物的相干性存在差异,如水体的相干性较差,而建筑物和岩石等的相干性则较好,因此相干性也可以作为SAR图像分类的依据。

(4)相位解缠。由相位主值或相位差值恢复为真实值的过程称为相位解缠。由于从干涉图中获得的相位 φ 不能直接转换为高程,是缠绕的相位,需把缠绕的相位恢复为真实相位。

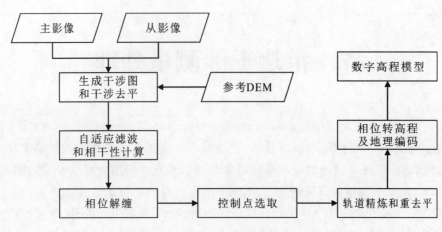

图 7-1 InSAR 技术处理基本流程

(5)控制点的选取。输入针对下一步轨道精炼所需的控制点文件。对控制点的选取有一定的要求,在后续的操作步骤中会具体说明。

(6)轨道精炼和重去平。若输入了精确的轨道信息,则需要对轨道参数进行修正。同时,还应对之前的去平地再次重新去平。

(7)相位转高程及地理编码。将相位转换为 DEM 后再对它进行地理编码。地理编码是指根据相关的基准,将原有的图像坐标系转换为统一的坐标系的过程,最后得到需要的地形信息。

(8)输出 DEM。在这一步中,系统会输出已经渲染好的 DEM,也可根据自身需求对颜色进行更改。

7.1.2 InSAR 操作步骤

本次操作所用软件为 ENVI-SARscape,所选用数据为 2 景山西省阳泉市数据,成像时间分别为 2018 年 1 月 8 日和 2018 年 1 月 20 日,辅助数据是 90m 分辨率的 SRTM DEM 数据。具体参数如表 7-1 所示。

表 7-1 SAR 图像参数

产品序号	产品类型	获取时间	轨道模式	极化方式
1	SENTINEL1_SLC_IW	2018/01/08	升轨	VV
2	SENTINEL1_SLC_IW	2018/01/20	升轨	VV

打开 ENVI,选择 File/Preferences/Directories,可设置后续文件输入输出的路径,方便后续文件的存储(图 7-2)。

7 雷达干涉测量处理

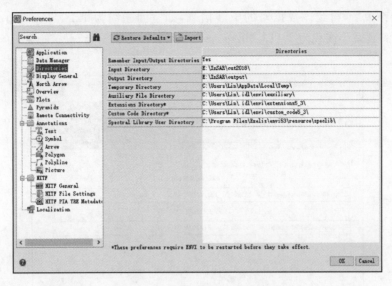

图 7-2 输入输出文件夹设置

7.1.2.1 数据裁剪

为提高效率通常需要对数据进行裁剪。

(1) 打开 ENVI/SARscape/General Tools/Sample Selections/Sample Selection SAR Geometry Data 工具,导入需要裁剪的 slc_list 文件。

(2) 裁剪方式有两种:第一种,按照已有的感兴趣区的 shp 文件裁剪,在 Optional Files 面板中输入 Vector File(矢量文件)和 DEM File(DEM 文件),在 Input Reference File 面板(输入参考文件)中不输入文件,在 Parameters 面板中的 Geographical Region(地理范围)中选择 True,其他参数项为默认项。第二种,根据地理坐标(经纬度输入格式为 25.40)或行列号进行裁剪,在 Parameters 面板中,分别在 West/First、North/First Row、East/Last Column 和 South/Last Row 选项中输入 pwr 数据的经纬度坐标或行列号(可通过上方工具栏中 💡 获得),并在 Optional Files 面板中的 Input Reference File 选项中输入参考文件(pwr 文件),在 Parameters 面板的其余选项中选择 False。

(3) 在 Output Files 面板中可以看到预输出的裁剪后的 slc_list 数据。需要注意的是,当裁剪范围过小时,要在 Parameters 面板下拉框中选择 Cut,并把 Perc valid 的阈值调整到裁剪后图像占原始图像百分比以下。

7.1.2.2 基线估算(Baseline Estimation)

(1) 打开基线估算工具/SARscape/Interferometry/Interferometric Tools/Baseline Estimation。

(2) 在 Input Files 选项中,分别选择主图像和从图像,其余设置为默认项,点击 Exec 按钮,计算基线(图 7-3、图 7-4)。

(3)运行结束后,得到该数据对的干涉信息,如空间基线为 12.237m,远小于临界基线 1418m;能探测到最小高程为 1 113.902m。

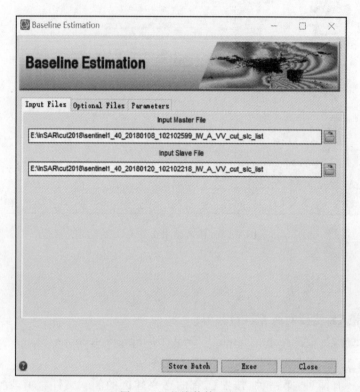

图 7-3 基线估算面板

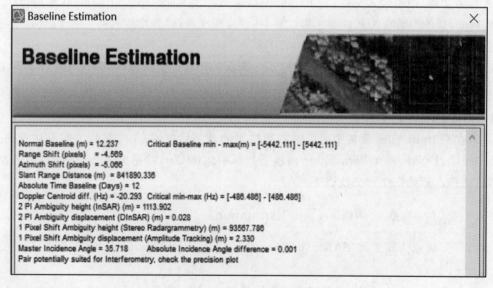

图 7-4 基线估算报表

7.1.2.3 数据输入(Select Input)

(1)在右侧工具栏中,双击/SARscape/Interferometry/InSAR DEM Workflow,在 Input File 面板中,选择需要输入的数据(图 7-5)。

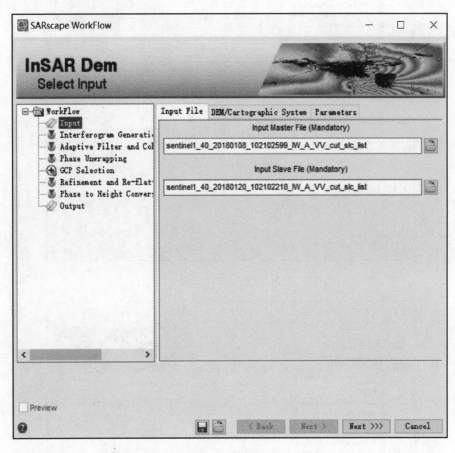

图 7-5 数据输入

(2)DEM/Cartographic System 选项针对输入参考高程,提供了三种类型,分别是输入已有的参考 DEM 文件、输入参考坐标系下的平均高程、自动下载相应区域的 DEM 数据,这里选择输入已有的 DEM 文件(图 7-6)。在 Parameters 选项中,可以设置制图分辨率。设置完成后,点击 Next,会出现根据所输入信息计算的视数(图 7-7)。

7.1.2.4 生成干涉图(Interferogram Generation)

(1)对主要参数中的设置选择默认值即可,在是否使用 DEM 配准(Coregistration With DEM)选项中选择 False。在轨道参数非常精确的情况下可选择 True(图 7-8)。

(2)点击 Next,对干涉图进行处理。处理完成后,得到去平后的干涉图以及主、从图像的强度图。

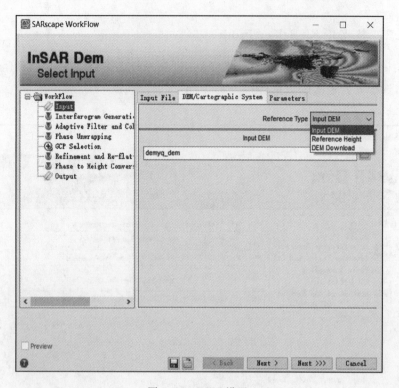

图 7-6 DEM 设置

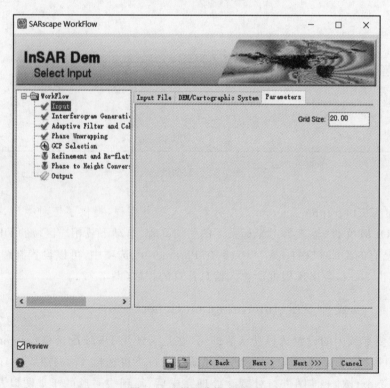

图 7-7 制图分辨率设置

7 雷达干涉测量处理

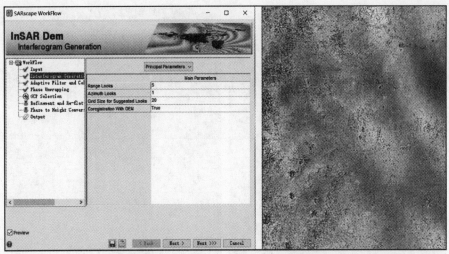

(a)干涉参数设置　　　　　　　　　　(b)去平后的干涉图（_dint）

图 7-8　干涉图生成

7.1.2.5　滤波和相干性计算(Adaptive Filter and Coherence Generation)

(1)这里提供了三种滤波方法,有 Adaptive、Boxcar 和 Goldstein。在这里选择最常用也是模式默认的方法——Goldstein 组合滤波(图 7-9)。

(2)处理完这一步后会得到滤波后的干涉图(INTERF_out_fint)和相干性系数图(INTERF_out_cc)(图 7-10)。

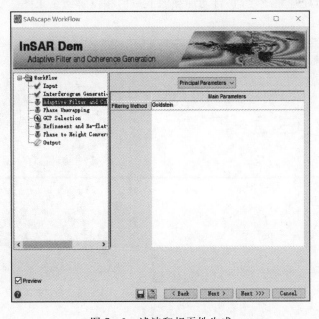

图 7-9　滤波和相干性生成

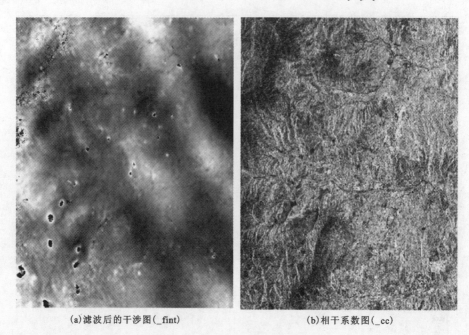

(a)滤波后的干涉图(_fint)　　　　　　　(b)相干系数图(_cc)

图 7-10　滤波和相干性计算结果

7.1.2.6　相位解缠(Phase Unwrapping)

(1)解缠方法选择 Minimum Cost Flow,解缠分解等级最高不能超过 3。这里按默认值设置为 1。将解缠最小相干性阈值设置为 0.2,一般设置为 0.2 或 0.15(图 7-11)。

(2)点击 Next,处理完成之后,自动加载滤波后的相位解缠结果图。

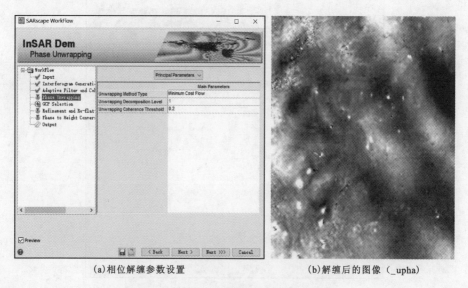

(a)相位解缠参数设置　　　　　　　(b)解缠后的图像(_upha)

图 7-11　相位解缠参数设置和结果图

7.1.2.7 控制点的选取（Select GCPs）

(1)在 Refinement GCP File(Mandatory)项中,点击 按钮,弹出生成地面控制点的对话框(图 7-12),对话框中的文件已自动输入。

(2)点击 Next 可在生成的干涉条纹图中进行控制点的选取,选取时应尽量选择平地部分,还需要避开噪声点,同时应尽量使控制点均匀分布在全图范围(图 7-13)。

(3)选择 Cartographic System,这里是自动读取,默认不变。选择 Export,这里可以设置生成的控制点具体存放位置。

图 7-12　控制点生成设置

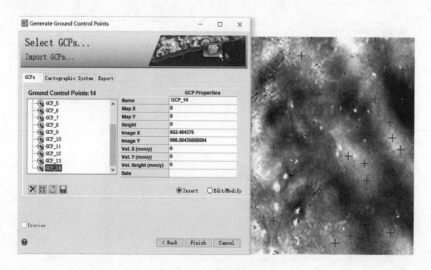

图 7-13　控制点选择

7.1.2.8 轨道精炼和重去平(Refinement and Re-flattening)

(1)在轨道精炼方法(Refinement Method)选项中选择 Polynomial Refinement,在轨道精炼的多项式次数(Refinement Res Phase Poly Degree)选项中设置 3。在是否使用 DEM 配准(Coregistration With DEM)选项中选择 False(图 7-14)。

(2)点击 Next 后,会出现轨道精炼结果面板,如图 7-15 所示。框内的标准偏差越小,则表示精度越高。

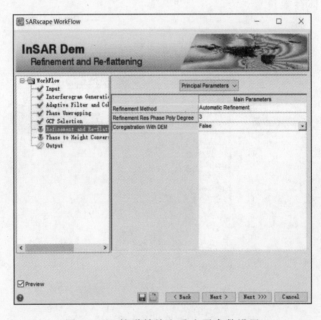

图 7-14 轨道精炼和重去平参数设置

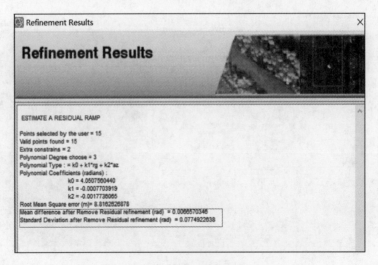

图 7-15 轨道精炼结果

7.1.2.9 相位转高程及地理编码(Phase to Height Conversion and Geocoding)

(1)将相干性阈值(Product Coherence Threshold)设置为 0.2,将小波等级(Wavelet number of levels)设置为 0,按照默认参数设置,在生成矢量文件(Generate Shape Format)选项中选择 False。其他按照默认参数设置(图 7-16)。

(2)X 和 Y 方向上的分辨率为 20m。地理编码的参数设置也是以默认值为准,无需进行更改。

(3)点击 Next,即可得到生成的 DEM。

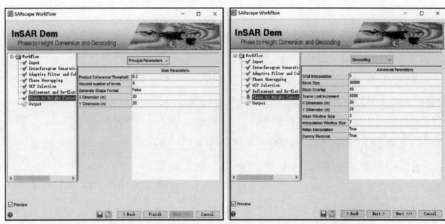

(a)相位转高程主要参数设置　　　　(b)地理编码设置

图 7-16　相位转高程及地理编码设置

7.1.2.10 结果输出(Output)

最后点击 Finish,系统自动对生成的 DEM 进行配色,得到最后的成果图(图 7-17)。

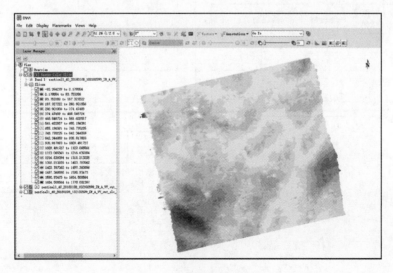

图 7-17　生成的 DEM

7.2 D-InSAR 技术

当地表发生形变时,通过 SAR 系统在不同时期对同一地区进行两次或多次干涉测量,可以得到地表形变量,这种技术称为 D-InSAR 技术。

7.2.1 D-InSAR 处理流程

D-InSAR 处理流程如下(图 7-18)。

(1)生成干涉图。这一步需要输入的是主从图像的 slc_list 文件,注意需要使用同极化的数据,之后得到干涉图。

(2)滤波和相干性计算。这一步的主要目的是减小由空间基线和时间基线引起的噪声,从而提高干涉条纹的质量。常见的滤波方法有 Adaptive、Boxcar 和 Goldstein。

(3)相位解缠。在从干涉数据获取的相位数据中,相位的值被限定在$[-\pi,\pi]$(称为缠绕相位),要得到真实的相位信息则应在这个值的基础上加上或者减去 2π 的整数倍。这个从缠绕的相位图像中恢复真实相位信息的过程称为相位解缠。

(4)轨道精炼与重去平。相位解缠之后,需要对轨道精炼和重去平。这一步能改正轨道偏移,更利于相位转形变值的处理。

(5)相位转形变及地理编码。将之前轨道精炼与重去平后得到的相位结果转换为形变数据,将地理坐标系统地理编码为制图坐标系统,得到雷达视线方向(line of sight,LOS)的形变结果。

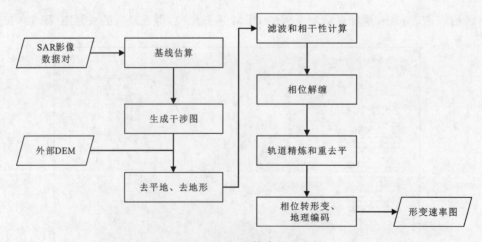

图 7-18 D-InSAR 技术处理流程

7.2.2 D-InSAR 操作步骤

研究区位于山西省阳泉市,该地区煤矿资源丰富,是我国无烟煤开采和出口的主要地区之一。煤矿资源的大量开采使得该地区存在大量采空区,造成严重的地表沉降,对周围人民生活和财产以及生态环境造成威胁。本节以 Sentinel-1 数据为数据源,使用 D-InSAR 对 2018 年 12 月阳泉矿区采矿情况进行干涉测量。

本部分使用的 2 景 Sentinel-1 数据的成像时间分别为 2018 年 10 月 11 日和 2018 年 11 月 28 日,辅助数据是 90m 分辨率的 SRTM DEM 数据。具体参数见表 7-2 所示。

表 7-2 Sentinel-1 数据原始图像参数

编号	产品类型	获取时间	轨道模式	极化方式
1	SENTINEL1_SLC_IW	2018/10/11	升轨	VV
2	SENTINEL1_SLC_IW	2018/11/28	升轨	VV

数据准备、研究区裁剪、基线估算的步骤完成之后,开始 D-InSAR 工作流程。

(1)文件输入(Select Input)。在 Input File 面板中输入 20181011 的 VV 极化方式的 slc_list 作为主图像,20181128 的 VV 极化方式的 slc_list 作为从图像(图 7-19)。在 DEM/Cartographic System 面板输入 DEM 文件。数据设置完毕后点击 Next,会自动计算视数结果为 3∶1,点击确定。

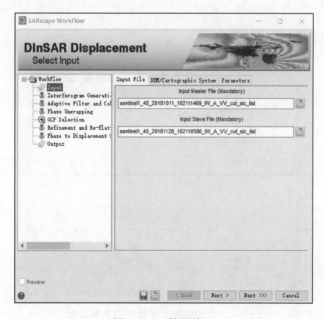

图 7-19 数据输入

(2)生成干涉图(Interferogram Generation)(图7-20)。在生成干涉图时,将距离向视数(Range Looks)和方位向视数(Azimuth Looks)分别设置为3和1;将制图分辨率(Grid Size for Suggested Looks)设置为15,在是否使用DEM配准(Coregistration With DEM)选项中选择Ture。在干涉图生成结束后,除了生成干涉图之外,还会生成文件后缀名为_pwr的强度图。

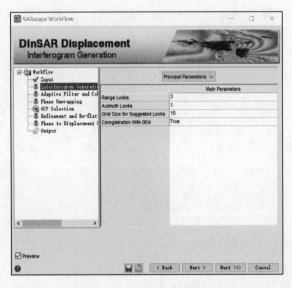

图7-20 干涉图生成参数设置

(3)滤波和相干性计算(Adaptive Filter and Coherence Generation)。在滤波和相干性计算中需要选择滤波方法。一般情况下滤波方法(Filtering Method)选用Goldstein(图7-21)。

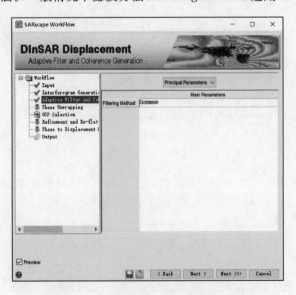

图7-21 滤波和相干性生成参数设置

设置好参数后,点击 Next 按钮,进行干涉图滤波和相干性生成处理。这一步得到的结果有后缀名为 fint 的滤波后的干涉图和后缀名为 cc 的相干系数图(图 7-22)。

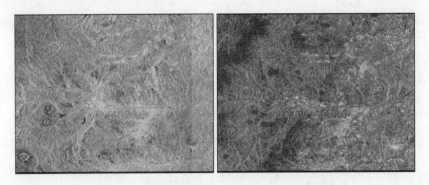

图 7-22 滤波后的干涉图(左)和相干系数图(右)

(4)相位解缠(Phase Unwrapping)。操作这一步时,在解缠方法(Unwrapping Method Type)选项中选择 Minimum Cost Flow,将解缠最小相干性阈值(Unwrapping Coherence Threshold)设置为 0.2(图 7-23)。

设置好参数后,点击 Next 按钮,处理结束得到后缀名为 upha 的相位解缠结果。

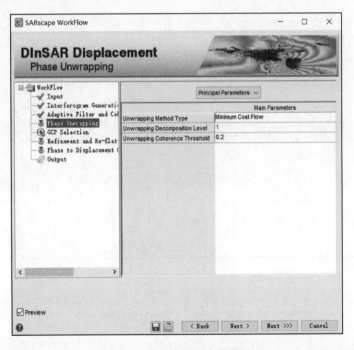

图 7-23 相位解缠参数设置

(5)控制点的选取(Select GCPs)。在选取控制点时需要注意以下事项:①最好在去平后的干涉图上(dint 或 fint)选择控制点,不要在干涉条纹密集处选点;②尽可能在相干性高的区域进行选点;③不要在形变区域选点;④不要在相位孤岛这类存在错误的区域选点;⑤在山区较多的区域可以从平坦的谷底选点。

首先,输入相应参数后,点击 Next,进行控制点选择,按照选点注意事项单击鼠标左键进行选点;其次,选点完成后,单击 Export 按钮,之后点击 Finish 按钮,生成控制点文件。加载控制点文件后,点击 Next 按钮,进行下一步处理(图 7-24、图 7-25)。

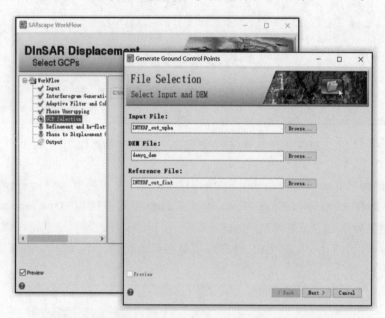

图 7-24 控制点选择数据输入

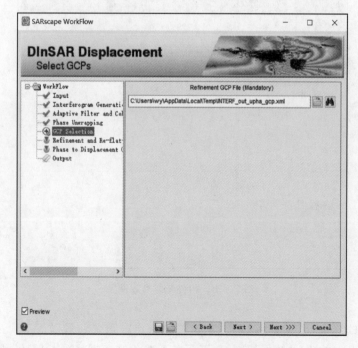

图 7-25 自动输入上一步生成的控制点文件

(6)轨道精炼和重去平(Refinement and Re-flattening)。进行轨道精炼和重去平时,在轨道精炼方法(Refinement Method)选项中选择 Polynomial Refinement,在轨道精炼的多项式次数(Refinement Res Phase Poly Degree)选项中选择 3(图 7-26)。

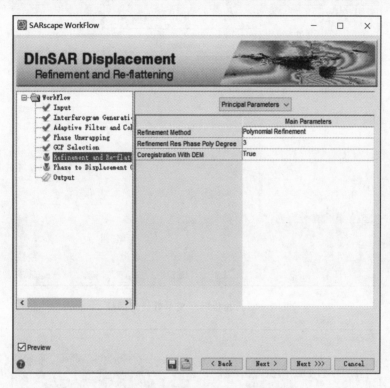

图 7-26 轨道精炼和重去平参数设置

设置好参数后,点击 Next 按钮,处理结束得到的结果中包含后缀名为 fint 的重去平后的干涉图和后缀名为 upha 的重去平后的解缠结果。

(7)相位转形变及地理编码(Phase to Displacement Conversion and Geocoding)。在进行相位转形变以及地理编码时,将相干性阈值(Product Coherence Threshold)设置为 0.2,将地理编码参数(Geocoding)中去除图像外的无用值(Dummy Removal)设置为 True(图 7-27、图 7-28)。

设置完参数后,点击 Next 按钮,进行处理。这一步得到的结果有 dem 后缀的重采样的参考 DEM 数据、cc_geo 后缀的地理编码的相干系数图以及 slc_out_disp 形式的 LOS 方向上的形变。

(8)结果输出(Output)。若想保留中间结果便于查看,将 Delete Temporary Files 设置为不勾选。点击 Finish 按钮,输出最后的形变结果,并且在该结果中可看见密度分割配色展示(图 7-29)。

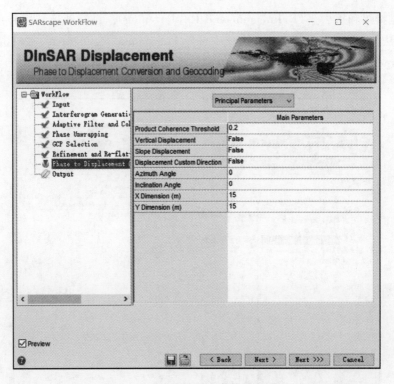

图 7-27 相位转形变参数设置面板

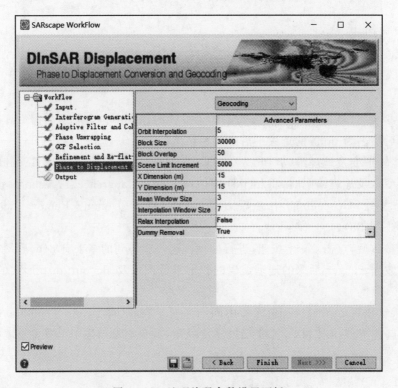

图 7-28 地理编码参数设置面板

7 雷达干涉测量处理

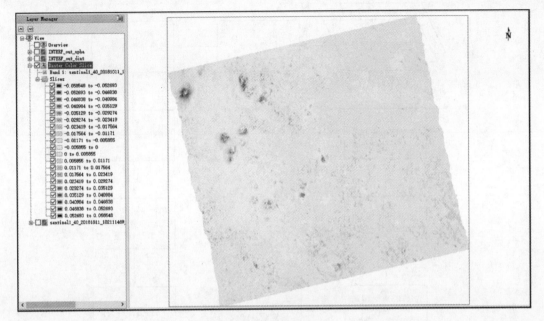

图 7-29 形变结果

7.3 时序 InSAR 技术形变监测处理

传统的 D-InSAR 技术面临的时空失相干、DEM 误差、轨道误差、大气延迟、解缠误差等问题限制了其进一步的应用,为了克服这些问题,研究学者提出了时序 InSAR 技术(time series InSAR,TS-InSAR)。TS-InSAR 以稳定目标点为研究对象,通过分析其相位信息能够获得毫米级的形变精度,已广泛应用于滑坡形变、城市地表沉降、基础设施形变等监测。本节主要介绍目前常用的两种时序 InSAR 技术,永久散射体干涉测量技术(permanent scatterers InSAR,PS-InSAR,可简称 PS)以及小基线集干涉测量技术(small baseline subset InSAR,SBAS-InSAR,可简称 SBAS)。

7.3.1 PS-InSAR 技术处理流程

PS-InSAR 技术处理流程如图 7-30 所示,主要包括:

(1) PS 候选点的选取。为了进行 PS 干涉处理,需要在 SAR 影像上选择保持相位稳定的散射点。目前常规的 PS 选点方法包括振幅离差阈值法、相干系数法和极化相位差法。

(2) 相位解缠。PS 相位解缠方法是指利用多影像稀疏格网相位解缠,利用 Delaunay 不规则三角网建立 PS 候选点的连接关系,最后利用加权最小二乘法进行相位解缠,获取格网中每一点的形变速率和 DEM 误差的绝对值。

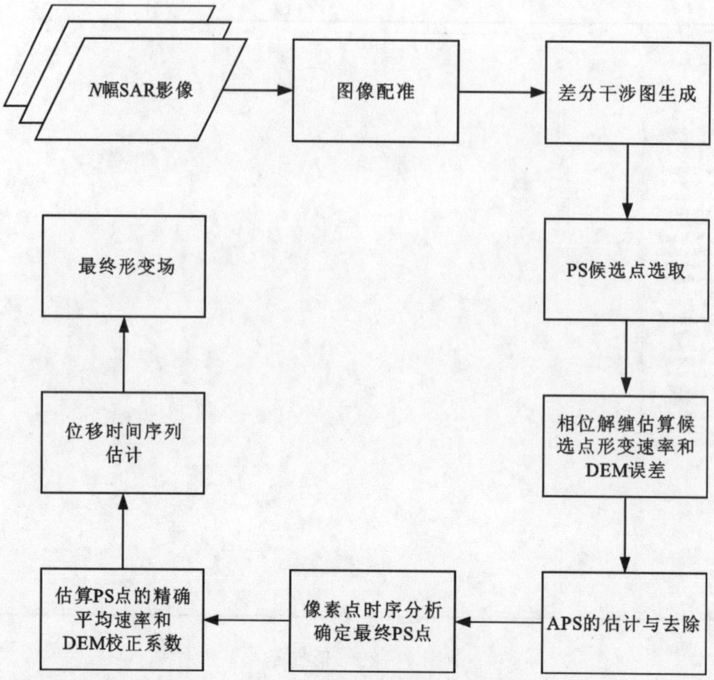

图 7-30 PS-InSAR 技术处理流程

(3)大气相位屏(atmospheric phase screen,APS)的估计与去除。在估计了所有 PS 点的线性形变和 DEM 的误差之后,从初始的差分干涉图将它们减去可以得到残余相位,包括非线性形变相位、大气相位和噪声。该步骤可计算出每一景图像的大气相位即 APS,然后将它去除。

(4)像素点的时序分析。从干涉相位中去除 APS 后,对影像上的每个像素点进行时序分析,重新计算每个点的相干性,用于选择最终的 PS 点。

(5)PS 点形变值的估计。确定 PS 点之后,利用前述方法重新进行相位解缠,得到所有 PS 点的更精确的形变值。

7.3.2 PS-InSAR 操作步骤

本节以 29 景 Sentinel-1A 数据为例,学习使用 SARscape 进行 PS-InSAR 技术处理。数据源:Sentinel-1A 数据,IW 模式,入射角 35°,VV 极化方式,山西阳泉地区(图 7-31),时间范围为 2019—2020 年。DEM:SRTM 90m 分辨率的 DEM 数据。

通过 SARscape 进行 PS-InSAR 技术处理主要的操作步骤如下。

(1)生成连接图。通过自动或者手动选择一个超级主图像,生成 SAR 数据连接图(图 7-32),选择出后面进行差分干涉的数据对。设置合适的临界基线阈值,将主图像以外的所有数据与主图像一一连接。基线阈值在 Toolbox/Preferences>Persistent Scatterers>Baseline Threshold(%)中进行更改,默认为临界基线的 5 倍。

7 雷达干涉测量处理

图 7-31 阳泉工作区范围

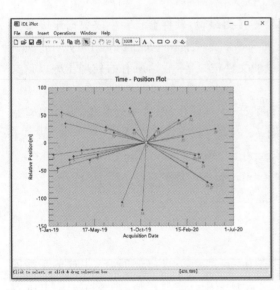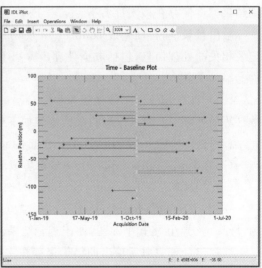

图 7-32 生成的数据对连接图

打开 Toolbox，点击 SARscape/Interferometric Stacking/PS/1-Connection Graph 工具。在 Input Files 面板中，点击 Browse 输入 29 景 slc_list 数据（注：可多景数据一起输入）(图 7-33)。打开 Optional Files，在这里不作设置，让它自动选择超级主图像。

在 Output Files 下选择输出路径，会自动生成命名为 _PS_processing 的文件夹，后续处

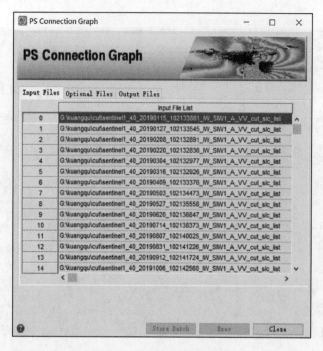

图 7-33 PS 连接图编辑数据输入

理结果都将保存在该文件夹下。点击 Exec 执行连接图编辑,软件会自动生成数据连接图。

输出目录下,自动生成 connection_graph 和 work 文件夹。生成的 auxiliary.sml 文件记录相关的处理信息,包括数据处理步骤和生成的文件记录等,后续所有的处理步骤以该文件为输入文件。

(2)干涉工作流。干涉处理流程会自动进行配准、干涉图生成、去平地相位、振幅离差指数计算的处理。干涉工作流的操作步骤如下(图 7-34)。

(a)打开/SARscape/Interferometric Stacking/PS/2-Interferometric Process。

(b)在 Input Files 下选择上一步骤生成的 axuiliary.sml 文件。

(c)在 DEM/Cartographic System 中,选择准备的参考 DEM 文件。

(d)在 Principal Parameters 下,将参数 Generate Dint Multilooked for Quick View 设置为 True,生成 tif 格式干涉图,便于查看结果。

这一步处理完成后输出的结果保存在文件夹 interferogram_stacking 下,生成的干涉图文件保存在\work\work_interferogram_stacking 文件夹中。主要包括以下内容:①Meta 索引文件,即 slant_dint_meta 和 slant_pwr_meta 等文件;②Mean_,即 SAR 图像的平均强度图像及其关联文件;③mu_sigma,计算出的振幅离差指数。

(3)PS 第一步反演(图 7-35)。在 Toolbox 中,打开/SARscape/Interferometric Stacking/PS/3-Inversion:First Step。在 Input Files 面板中选择 auxiliary.sml 文件。在 Parameters 面板中,选择 Principal Parameters 参数选项,根据处理前的预估,设置合适的形变范围:Min Displacement Velocity(mm/year)和 Max Displacement Velocity(mm/year),

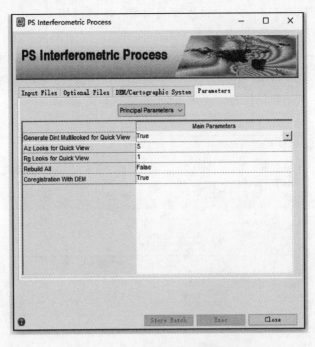

图 7-34　PS 干涉工作流参数设置

以及研究区内建筑高度：Min Residual Height(m) 和 Max Residual Height(m)，其余参数默认即可。点击 Exec 执行处理。

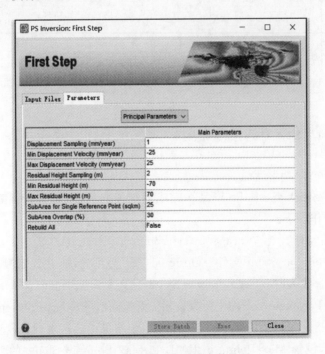

图 7-35　PS 第一步反演参数设置

(4)PS第二步反演(图7-36)。该步骤利用第一次线性模型反演结果估算大气相位成分。在 Toolbox 中，打开/SARscape/Interferometric Stacking/PS/4-Inversion：Second Step。在 Input Files 面板中选择 auxiliary.sml 文件。在 Parameters 面板中，Atmosphere High Pass Size(days)和 Atmosphere Low Pass Size(m)分别为应用于时间分布、空间分布的滤波窗口大小，这里为默认设置。单击 Exec 按钮执行处理。

图7-36　PS第二步反演参数设置

处理完成后输出的文件包括地形误差、形变速率、相干系数图(cc)，以及索引文件(_meat)。具体文件为：slant_atm_meta，大气相关成分；slant_dint_reflat_meta，重去平干涉图；slant_disp_meta：每期形变量。

(5)地理编码及结果查看。PS产品在完成地理编码后，可以矢量或者栅格两种形式输出(图7-37)。操作如下。

在 Toolbox 中，打开/SARscape/Interferometric Stacking/PS/5-Geocoding。在 Input Files 面板中选择 auxiliary.sml 文件。Optional File 为可选项，在此选项中选择 GCP 文件(.shp 或者.xml)。在 DEM/Cartographic System 中选择参考 dem 文件。在 Parameters 面板中，对 Principal Parameters 下的主要参数相干系数阈值(Product Coherence Threshold)进行设置，相干系数小于这个阈值的像素不会保留在 PS 结果中。这里默认设置为0.75。切换到 Other Parameters，设置 Max Points in KML 和 Max Pointsin Shape 的大小可以改变生成 PS 点的密度。点击 Exec 执行处理，结果保存在 geocoding 文件夹中。

7 雷达干涉测量处理

图 7-37 地理编码文件点密度参数设置

(6)打开…\geocoding\mean_geo 栅格文件,这个文件是地理编码后的 SAR 平均亮度图(图 7-38)。打开…\geocoding\PS_75_0.shp、PS_75_1.shp、PS_75_2.shp、PS_75_3.shp、PS_75_4.shp、PS_75_5.shp 等矢量文件,本结果生成了 13 个矢量分块文件。

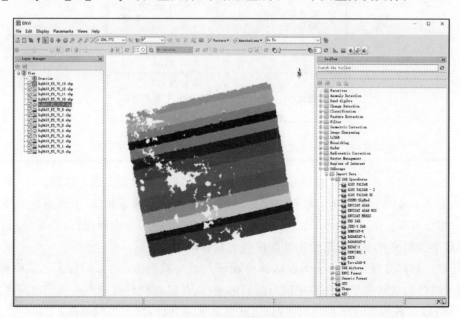

图 7-38 PS 处理结果展示

7.3.3　SBAS-InSAR 技术处理流程

SBAS-InSAR 利用小基线干涉图对,采用基于形变速率的最小范数准则,以奇异值分解(singular value decomposition,SVD)方法获取相干目标的形变速率及时间序列。处理流程如图 7-39 所示。

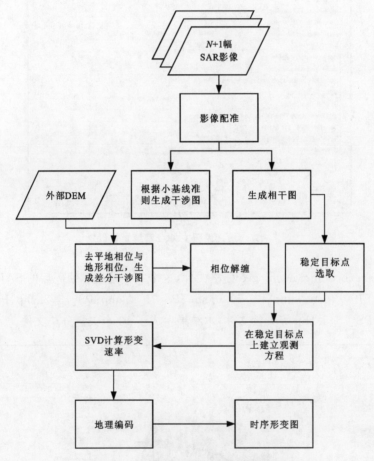

图 7-39　SBAS-InSAR 技术处理流程

(1)干涉图的生成。在影像配准后,根据小基线原则选择数据生成干涉图。

(2)差分干涉图生成。对干涉图进行处理,去平地相位和地形相位,生成差分干涉图。

(3)相位解缠。SBAS-InSAR 方法的相位解缠在时间序列分析前进行,通常使用扩展稀疏网格最小费用流算法完成差分干涉图序列的相位解缠。

(4)建立观测方程。在相干图上选择高相干点建立观测方程,将相位表示成两幅 SAR 影像以获取时间之间的平均相位速度与时间的乘积,并以此获得有物理意义的沉降序列。

(5)SVD 计算形变速率。利用 SVD 方法解算观测方程,获取形变速率。

7.3.4 SBAS-InSAR 操作流程

本节以 46 景 Sentinel-1A 数据为例,学习使用 SARscape 进行 PS-InSAR 处理(图 7-40)。数据源:Sentinel-1A 数据,IW 模式,入射角 35°,VV 极化方式,山西阳泉地区,时间范围为 2019—2020 年。DEM:SRTM 90m 分辨率的 DEM 数据。

图 7-40 SBAS 处理区域

(1)生成连接图(图 7-41、图 7-42)。对输入的数据进行配对,N 景数据最大的配对数为 $[N*(N-1)]/2$,选择出最优的数据配对,进行后续处理。

在 Toolbox 中,选择/SARscape/Interferometric Stacking/SBAS/1-Connection Graph。在 Input Files 面板中,点击 Browse 按钮选择所有的 SLC 数据。在 Optional Files 面板下,不设置主图像,让程序自动选择。在 Parameters 面板下,主要设置临界基线最大百分比(Max Normal Baseline(%)),一般设置为 45%~50%,并根据数据获取时间设置最大时间基线(Max Temporal Baseline),保证所有数据相连接。在 Output Files 面板中,选择输出路径和文件根名称,单击 Exec 按钮执行处理。

(2)干涉处理(图 7-43、图 7-44)。对配对的数据对进行干涉处理,即相干性生成、去平、滤波和相位解缠,这一步可将所有的数据对都配准到超级主图像上,为下一步作准备。

在 Toolbox 中,打开/SARscape/Interferometric Stacking/SBAS/2-Interferometric Process。在 Input Files 面板中,选择 auxiliary.sml 文件。在 DEM/Cartographic System 面板中,选择_dem 文件。在 Parameters 面板中,选择 Principal Parameters,主要设置解缠相

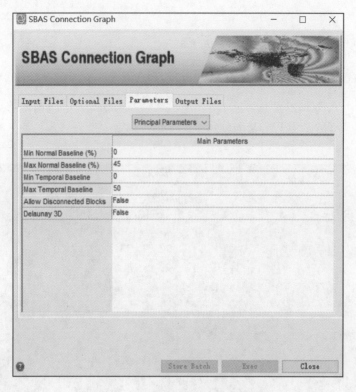

图 7-41　SBAS 连接图编辑参数设置

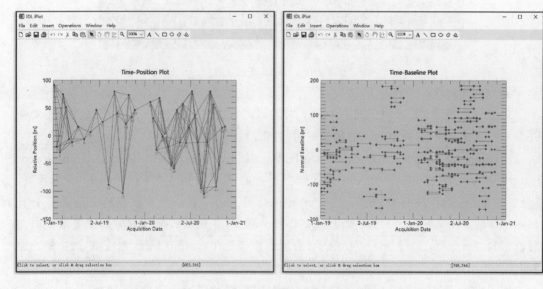

图 7-42　SBAS 阳泉地区数据连接情况

关系数阈值(Unwrapping Coherence Threshold),低于该阈值的相干点不会参与解缠,这里设置为0.2。在滤波方法(Filtering Method)中选择 Goldstein,有三种方式可供选择。其余参数选默认设置即可。单击 Exec 按钮执行处理。

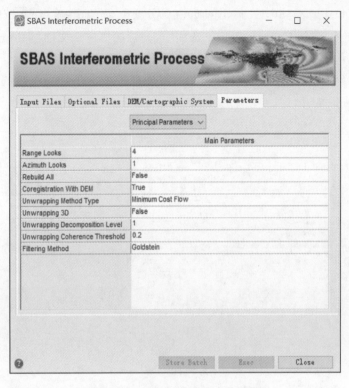

图7-43 SBAS干涉流参数设置

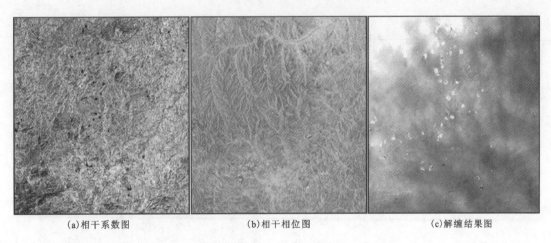

(a)相干系数图　　　　　　(b)相干相位图　　　　　　(c)解缠结果图

图7-44 干涉对处理结果

依次查看这一步生成的各个像对的相干系数图(_cc)和解缠结果图(_upha)(图7-44),用连接图编辑工具/SARscape/Interfermetric Stacking/Stacking tools/SBAS Edit Conection Graph,将相干性低、干涉质量差的像对移除。

(3)轨道精炼与重去平(图7-45、图7-46)。在Toolbox中,打开/SARscape/Interferometric Stacking/SBAS/3-Refinement and ReFlattening。在Input Files面板中的Auxiliary file 选项中选择 auxiliary.sml。在 Refinement GCP File 选项中，单击 按钮创建 GCP，在打开的 Generate Ground Control Points 选项中，分别选择三个文件：①Input File，必选项，选择一个数据对的解缠结果文件；②DEM File，可选项，选择 DEM 文件；③Reference File，可选项，可以选择相干系数图、干涉图等，如这里选择一个去平和滤波后的干涉图，则可为 GCP 点选择提供参考。

图 7-45　GCP 点选择参考文件

图 7-46　GCP 点选择

选择好文件，点击 Next 进入 GCP 选择面板。利用鼠标在窗口中选择控制点。选择 GCP 的重要标准包括：①没有残余地形条纹；②没有形变条纹，远离形变区域，除非已知这个点的形变速率;③没有相位跃变。建议多选择一些 GCP 点,至少 20~30 个点。

完成 GCP 点的选择后,点击 Finsh,回到 Refinement and Re-Flattening 面板中。在 Input Files 面板中,自动输入上一步得到的控制点文件;输入 DEM 数据,参数为默认值;单击 Exec 执行处理。

(4)SBAS 第一步反演(图 7-47)。这一步是 SBAS 反演的核心。在这一步中可第一次估算形变速率和残余地形,同时可通过做两次解缠来对输入的干涉图进行优化,以便进行下一步处理。

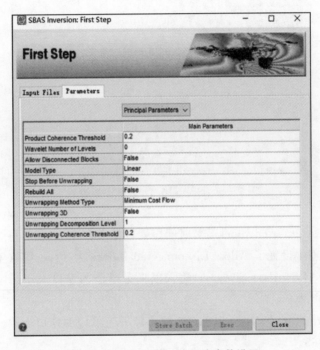

图 7-47　SBAS 第一步反演参数设置

在 Toolbox 中,打开/SARscape/Interferometric Stacking/SBAS/4-Inversion: First Step。在 Input Files 面板中的 Auxiliary File 选项中选择 auxiliary.sml。单击 Parameters,在 Principal Parameters 选项中,主要设置参数相关系数阈值(Product Coherence Threshold),低于该阈值的像元以 NaN 输出。

(5)SBAS 第二步反演。这一步的核心是计算时间序列上的位移。在第一步得到形变速率(_disp_first)的基础上,进行大气滤波,从而估算和去除大气相位,得到时间序列上的最终位移结果。

在 Toolbox 中,打开/SARscape/Interferometric Stacking/SBAS/5-Inversion: Second Step。在 Input Files 面板中的 Auxiliary File 选项中选择 auxiliary.sml。单击 Parameters,选择 Principal Parameters 选项(图 7-48)。参数说明如下:

(a)Product Coherence Threshold:相关系数阈值,低于这个阈值的像素将以 NaN 输出,这里设置为 0.2。

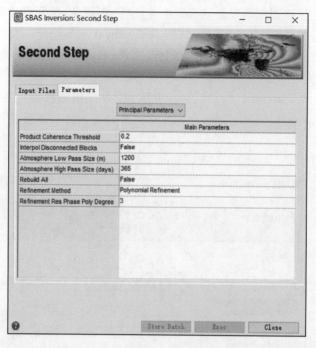

图 7-48　SBAS 第二步反演参数设置

(b) Interpol Disconnected Blocks：对时间序列数据不存在的部分，可通过插值方法估算形变。如果前面处理中设置了 Allow Disconnected Blocks 为 True，则这里可设置为 True。

(c) Atmosphere Low Pass Size(m)：输入以米为单位的窗口大小。应用于空间分布相关滤波，默认为 1200。

(d) Atmosphere High Pass Size(days)：输入以天为单位的窗口大小。应用于时间分布相关滤波，默认为 365。

(e) Refinement Method：轨道精炼方法。这里选择 Polynomial Refinement，即多项式精炼方法。

(f) Refinement Res Phase Poly Degree：精炼残余相位多项式次数。在重去平处理中用于估算相位解缠结果中的斜坡相位。当 GCP 的数量小于这个次数要求的数量时，该多项式次数会自动降低。默认为 3。

(6) 地理编码及结果查看。(图 7-49～图 7-51)。对 SBAS-InSAR 的结果进行地理编码，本步骤操作如下：在 Toolbox 中，打开 /SARscape/Interferometric Stacking/SBAS/6-Geocoding。在 Input Files 面板中选择 auxiliary.sml 文件。在 DEM/Cartographic System 面板中选择 DEM 文件。在 Parameters 面板中选择 Principal Parameters 参数选项，在 Vertical Displacement 和 Slope Displacement 设置为 True 时，形变结果将投影到垂直方向和最大坡度方向上。这里不做该处理，设置为 Flase。其他参数保持默认设置。切换到 Geocoding，Dummy Removal 设置为 True，结果中去除多余的外面框。其他参数为默认值。参数设置完成后，点击 Exec 执行程序。

7 雷达干涉测量处理

打开最终得到的形变速率结果图 S1_vel_geo,右键点击 New Raster Color Slice 进行彩色渲染,观察研究区的形变特征。

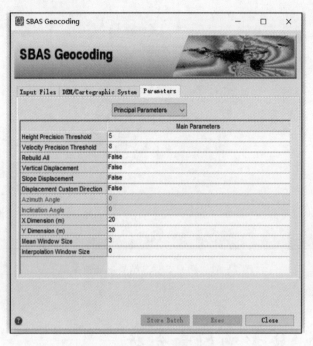

图 7-49 地理编码参数界面

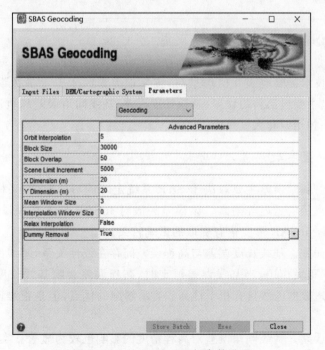

图 7-50 Geocoding 面板参数设置

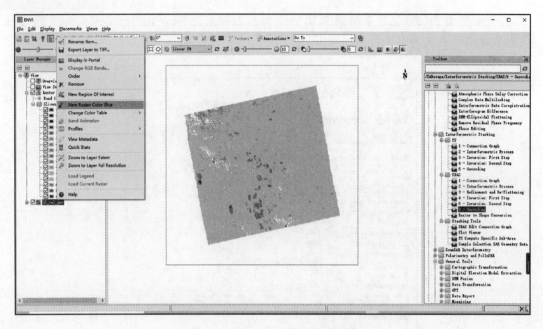

图 7-51　阳泉 SBAS 结果形变速率图

7.4　InSAR 影响因素分析

7.4.1　InSAR 技术的误差来源

利用 InSAR 技术提取地表几何信息时,主要误差来源于卫星参数误差和干涉相位误差。卫星参数误差主要包括斜距误差、基线长度误差、基线倾角误差和轨道误差等。干涉相位误差主要包括失相干源和大气效应。

7.4.1.1　卫星参数误差

(1)斜距误差。斜距误差主要取决于 SAR 系统定时的不确定性、采样时钟的抖动和信号通过大气层、电离层的延迟等因素。该误差一般对 InSAR 技术高程量测影响不大,但是对 D-InSAR 和时序 InSAR 形变信息提取的影响较大。

(2)基线长度误差。基线长度误差与高程误差间存在线性关系,基线的长度对基线误差和高程精度起到了很大作用,当基线误差恒定时,高程误差会随基线长度的变短而急剧增加。短基线 InSAR 数据虽然具有相干性高和容易解缠的优点,但是很难通过它获取高精度的 DEM 数据。

(3)基线倾角误差。基线倾角误差对高程精度的影响也较为显著。实际应用中,可以利用高程已知点反推基线长度和姿态。

(4)轨道误差。轨道误差是由卫星传感器定位不准确引起的干涉相位误差,会引起 InSAR 处理最终结果的精度,需进行去除。

7.4.1.2 干涉相位误差

(1)失相干源。失相干源主要包括基线或几何失相干(由两次获取图像入射角差异引起)、多普勒质心失相干(由两次获取图像多普勒质心差引起)、体散射失相干(由不同高度介质的雷达回波信号引起)、时间失相干(由地物目标散射特性发生改变引起)、系统热噪声失相干(由整个雷达系统特点决定)、数据处理失相干(主要由图像处理算法决定)。

从上述失相干源中可以看出,在软件处理中,我们能够控制的是 SAR 数据的时间基线和空间基线。较短的时间基线可以有效减少时间失相干,降低地形信息提取的误差。空间基线则可通过软件中的基线估算功能计算,在 InSAR 处理中,短空间基线可以保证高相干性,但是会造成高程提取精度的降低。而 D-InSAR 和时序 InSAR 技术通过借助外部 DEM,可以采用短空间基线来减少几何失相干,有效提高形变信息提取的精度。

(2)大气效应。雷达信号在传输过程中遇到大气会产生折射,从而改变信号的传输路径和传播方向。单轨道的两幅图像所受大气影响较为相似,在后续干涉处理中可以相互抵消。而重复轨道模式下的图像所受大气影响差异较大,产生的大气效应相位直接反映在干涉相位中,影响地形信息提取的精度。

由于大气在空间和时间上的高度变化,目前尚无通用的手段来消除这一影响。对于 InSAR 和 D-InSAR 技术,可以通过借助 SAR 以外的 GPS 数据、气象观测资料或其他传感器获取的大气信息来进行校准。对于时序 InSAR 技术,则可以根据大气对微波信号作用的时空分布特征对干涉数据集进行滤波,估计并去除大气效应相位。

7.4.2 InSAR 处理中间结果的查看与分析

在 SARscape 软件处理过程中,InSAR 和 D-InSAR 技术尽量选取时间基线较小的数据对,我们可以在文件夹查看该技术处理得到的干涉相位和相干图并以此分析相位质量,但不可以进行人工编辑。而时序 InSAR 技术则采用多幅 SAR 图像,在干涉处理过程结束后,可以在文件夹中查看去平地后的干涉相位、相干图中值的高低或相位图的噪声水平并以此分析相位质量。对于干涉相位质量较差、相干值较低或相位噪声严重的干涉对,可以借助连接图编辑功能去除该干涉对,保证后续形变反演的精度。

以小基线(SBAS-InSAR)为例,干涉处理一般存储在以下位置:I:\ SBAS_processing\interferogram_stacking\interf_tiff,查看名称末尾带_cc(相干图)、_upha(相位)和_fint(滤波后的干涉相位)的文件,如图 7-52 所示。

从图中可以看出,该干涉对相干性较低、相位噪声水平较高,若处理该干涉对,将会降低形变估计的精度。可采用连接图编辑工具,如图 7-53 所示,选择主图像与从图像,将该干涉对移除。

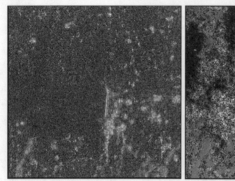 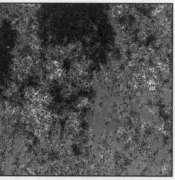 

(a) 相干系数图　　　　　　　(b) 相位解缠图　　　　　　　(c) 滤波后的干涉相位图

图 7-52　20190309—20190508 像对的干涉处理结果

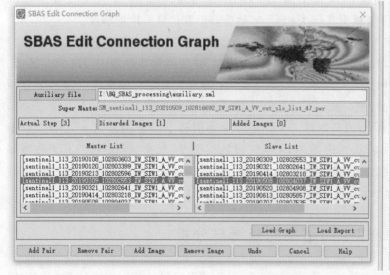 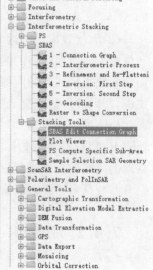

图 7-53　连接图编辑功能

第三部分

综合篇

8 分类综合应用

本章在前述基础概念及技术介绍的基础上,以灾后建筑物损毁评估、极化 SAR 海面油膜检测等应用、农作物分类为例,概述每类应用的原理和方法,详细介绍每类应用的实现过程和操作流程。

8.1 灾后建筑物损毁评估

自然灾害严重威胁着人们的生命及财产安全,建筑物倒塌容易造成严重的人员伤亡,是灾害损失的重要部分,因此,准确地识别倒塌建筑物能够为政府的灾后救援和灾后重建提供决策支持。灾后多为阴雨天气,且有暴发二次灾害的可能,SAR 由于其全天时、全天候的工作能力,穿透性强等特点成为灾后倒塌建筑物识别的重要手段。丰富的单极化、双极化 SAR 数据为及时提取灾后倒塌建筑物的信息提供了保障。PolSAR 能同时获得四个极化通道的信息,能更准确地描述地物特征。PolSAR 数据能够获取更加丰富的地物信息,基于极化特征可以将倒塌建筑物信息提取出来,但受建筑物取向角及建筑物结构的影响较大,容易将大取向角的完好建筑物误分为倒塌建筑物;对存留有少数与方位向平行的完好建筑物的倒塌区,也易造成评估不准确。

8.1.1 实验原理

本案例将目标分解的极化特征与灰度共生矩阵(grony level crence matrix,GLCM)纹理相结合,采用陈启浩等(2017)提出的一种利用极化分解后多纹理特征的震区建筑物损毁评估方法。该方法利用 Pauli 分解参数,能较好地剔除河流、道路和裸地等非建筑区域,减小它们对建筑物损毁评估的影响;还可以综合利用 Pauli 分解后极化功率的三种灰度共生矩阵纹理特征($\pi/4$ 偶次散射功率的方差、对比度纹理和奇次散射功率的对比度纹理)进行建筑物损毁评估。该方法的具体实验流程如图 8-1 所示。

8.1.1.1 利用 Pauli 分解分量提取建筑区域

Pauli 分解将散射矩阵 S 分解为多个 Pauli 基矩阵的复数形式的加权和,每个 Pauli 基矩阵对应一种基本散射机制,如式(8-1)所示。在满足互易定理的单站情况下,$S_{HV}=S_{VH}$,使得 $d=0$,此时 Pauli 分解可简化为三个基矩阵,极化散射总功率 Span 如式(8-2)所示。

$$S = aS_a + bS_b + cS_c + dS_d \qquad (8-1)$$

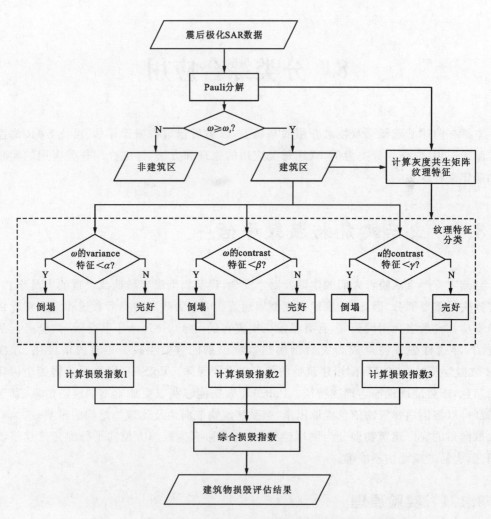

图 8-1 利用极化分解后多纹理特征的建筑物损毁评估流程

式中:$S_a = \frac{1}{\sqrt{2}}\begin{Bmatrix} 1 & 0 \\ 0 & 1 \end{Bmatrix}$;$S_b = \frac{1}{\sqrt{2}}\begin{Bmatrix} 1 & 0 \\ 0 & -1 \end{Bmatrix}$;$S_c = \frac{1}{\sqrt{2}}\begin{Bmatrix} 0 & 1 \\ 1 & 0 \end{Bmatrix}$;$S_d = \frac{1}{\sqrt{2}}\begin{Bmatrix} 0 & -1 \\ 1 & 0 \end{Bmatrix}$;$a = \frac{S_{HH}+S_{VV}}{\sqrt{2}}$;

$b = \frac{S_{HH}-S_{VV}}{\sqrt{2}}$,$c = \sqrt{2}S_{HV}$,$d = 0$。

Puali 分解公式为

$$\text{Span} = |S_{HH}|^2 + 2|S_{HV}|^2 + |S_{VV}|^2 = |a|^2 + |b|^2 + |c|^2 \tag{8-2}$$

$$\begin{aligned} u &= 10\log(|a|^2) \\ v &= 10\log(|b|^2) \\ \omega &= 10\log(|c|^2) \end{aligned} \tag{8-3}$$

式中,$|a|^2$、$|b|^2$、$|c|^2$ 分别表示奇次散射、偶次散射和 $\pi/4$ 偶次散射分量的功率,将它们拉伸后用 u、v、ω 表示。

一般来说,非建筑区主要包括河流、道路及裸地等目标,这些地物以奇次散射为主,其他类型散射均较弱;而完好建筑物的屋顶及倒塌建筑物的奇次散射也较强。建筑物倒塌后偶次散射降低,奇次散射增强,但完好建筑和倒塌建筑的 π/4 偶次散射均明显强于非建筑区。因此,可以通过统计分析确定区分建筑区与非建筑区的阈值 ω_t,将 $\omega < \omega_t$ 的像素分为非建筑区,$\omega \geqslant \omega_t$ 的像素分为建筑区。阈值的确定方法如下:首先选择两类样本统计其特征值的分布,以样本特征值的重叠区间为阈值所处范围 $[t_1, t_2]$(t_1 表示特征值较大类别的样本点最小值,t_2 表示特征值较小类别的样本点最大值);然后在该阈值范围内搜索,取样本点区分精度最高时对应的阈值为最终阈值。

8.1.1.2 基于 Pauli 分量纹理特征的倒塌建筑物分类

地震发生后,重度损毁区由于建筑物倒塌严重,形成大片废墟,在雷达图像上其相邻像元所包含地物几乎都为废墟,像元间差异较小,整体较为均匀,导致重度损毁区的方差和对比度纹理特征均表现出低值。完好建筑区及中轻度损毁区地物分布较为复杂,包括高度不一的建筑以及建筑和废墟的混杂等,相邻像元包含地物差异较大,使得这些区域的方差和对比度纹理特征均表现出高值。因此,本书采用阈值法,基于 Pauli 分解极化特征计算的三种 GLCM 纹理特征提取倒塌建筑物,分别是 π/4 偶次散射功率 ω 的方差(variance)纹理、对比度(contrast)纹理和奇次散射功率 u 的对比度纹理上的特征。选取完好建筑区和倒塌建筑区样本,统计 π/4 偶次散射功率 ω 的方差纹理、对比度纹理和奇次散射功率 u 的对比度纹理上的特征值,选取合适的阈值区分倒塌建筑物和非倒塌建筑物。

方差纹理特征反映了像元值与其周围局部区域的均值的偏差。当图像中灰度变化较大时,GLCM 方差特征值较大。

$$t_v = \sum_{i=1}^{N} \sum_{j=1}^{N} (i-\mu)^2 p(i,j) \tag{8-4}$$

$$\mu = \sum_{i=1}^{N} \sum_{j=1}^{N} i * p(i,j) \tag{8-5}$$

对比度纹理特征能反映灰度局部变化的情况,灰度差大的像素越多,对比度值越大,表明灰度局部变化剧烈。

$$t_c = \sum_{i=1}^{N} \sum_{j=1}^{N} (i-j)^2 p(i,j) \tag{8-6}$$

8.1.1.3 建筑物损毁程度评估

基于提取的倒塌建筑物结果,本书用建筑物损毁指数来描述该区域内建筑物的损毁程度。损毁指数越大,建筑损毁程度越严重。区域的建筑物损毁指数定义为

$$C_r = N_c / N_b \tag{8-7}$$

式中:N_c 表示该区域范围内倒塌建筑物像素数目;N_b 表示该区域内所有建筑物像素数目。

为了充分利用多种极化参数的纹理特征,在实验中将三种纹理特征分别计算的建筑物损毁指数平均后得到综合的区域倒塌率。最后根据各区域的综合倒塌率划分对应的损毁程度。

8.1.2 实验数据

2010年4月14日7时49分,青海省玉树藏族自治州玉树市发生里氏7.1级大地震,城区大量房屋倒塌,造成了极大的生命和财产损失。本书所用实验数据为玉树城区2010年4月21日右视升轨的RADARSAT-2精细模式极化数据,图像像素大小为560×270,空间分辨率约8m,入射角为21°,方位向进行3视平均去噪处理,见附图5。

8.1.3 实验流程

8.1.3.1 获取极化特征:T矩阵,Pauli分解得到的u、v、ω分量

(1)在PolSARpro软件中,读入图像。

(2)若导入图像为S矩阵或C矩阵,则导出为T矩阵。

在PolSARpro主菜单中点击Convert,选择[C3]≫[T3],得到T_3矩阵(图8-2)。

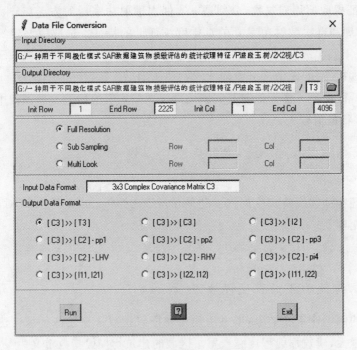

图8-2 导出T_3矩阵

(3)计算u、v、ω分量。在ENVI中打开T11、T22、T33数据,在Toolbox/Band Algebra/Band Math中,分别输入u、v、ω计算公式,Band Math公式,即可得到u、v、ω分量(表8-1,图8-3)。

表 8-1 u、v、ω 计算公式

计算公式	Band Math 公式	b1
$u=10\log(\|a\|^2)$	10 * alog10(b1)	T11
$v=10\log(\|b\|^2)$	10 * alog10(b1)	T22
$\omega=10\log(\|c\|^2)$	10 * alog10(b1)	T33

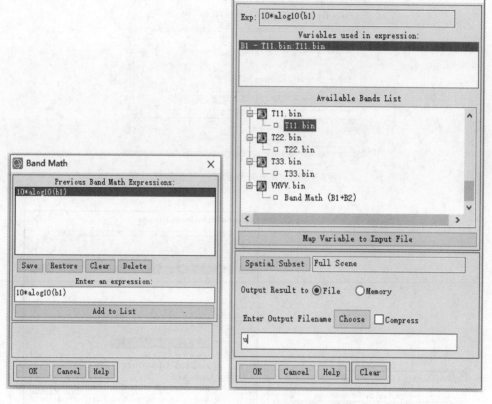

图 8-3 利用 Band Math 工具计算 u、v、ω

8.1.3.2 获取纹理特征：ω 分量的方差和对比度特征、u 分量的对比度特征

在 ENVI Toolbox 中选择 Filter→Co-occurence Texture Parameters，选择 ω 数据，勾选 Variance 和 Contrast 特征，输入结果输出路径和名称，点击 OK（图 8-4）。同样计算 u 分量的对比度特征。

8.1.3.3 非建筑区掩膜

(1)阈值分割（图 8-5）。用 ENVI 打开 ω 分量数据，在 Toolbox/Band Algebra/Band Math 中输入公式"b1 GT -13.5"去除建成区中的非建筑区域，如河流、植被等。

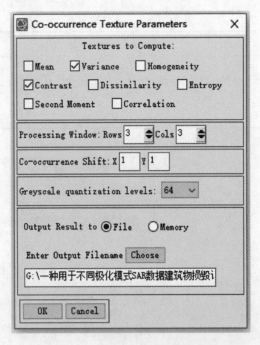

图8-4 计算方差和对比度纹理特征

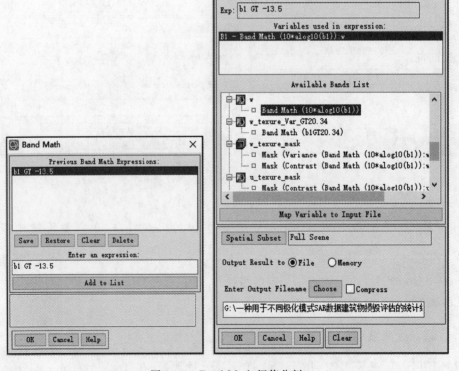

图8-5 Band Math 阈值分割

(2)掩膜处理(图8-6)。掩膜包括两部分内容:一部分是指利用阈值分割中的结果进行掩膜;另一部分是指利用去除山体区域的掩膜文件进行掩膜。在 ENVI Toolbox/Raster Management/Masking/Apply Mask 中,输入被掩膜的纹理图像和掩膜文件,可得到建筑物区域的图像。

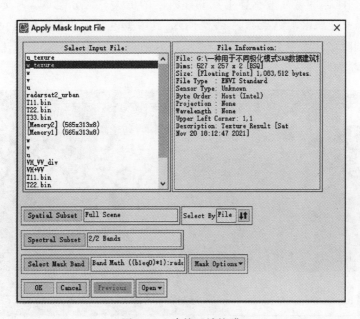

图8-6 建筑区域掩膜

8.1.3.4 损毁建筑物提取

在 ENVI 中打开 π/4 偶次散射功率 ω 分量的方差纹理、对比度纹理掩膜后的结果,奇次散射功率 u 分量的对比度纹理特征掩膜后的结果,利用 Band Math 工具进行损毁建筑物提取,阈值分别为 20.34、40.00 和 55.70(表8-2)。

表8-2 损毁建筑物提取公式

计算公式	Band Math 公式	b1
ω_variance < 20.34	b1 LT 20.34	ω_variance
ω_contrast < 40.00	b1 LT 40.00	ω_contrast
u_contrast < 55.70	b1 LT 55.70	u_contrast

8.1.3.5 建筑物损毁程度评估

统计小区内损毁建筑物占所有建筑物的比例,损毁程度的划分规则为:$C_r \leqslant 30\%$ 为轻度损毁,$30\% < C_r \leqslant 50\%$ 为中度损毁,$C_r > 50\%$ 为重度损毁。

8.1.4 结果分析

π/4偶次散射特征见附图6,非建筑区(道路、河流、裸地等)偏向于蓝色,而建筑区多呈现黄色或红色,建筑区的特征值整体上比非建筑区的值大。区分建筑区和非建筑区的阈值为-13.5。剔除非建筑区的结果如图8-7所示,其中黑色表示非建筑区,白色表示建筑区。该方法不仅能剔除城区中东南向的宽河流,也较好地剔除了东西向较窄河流以及城区中心的道路,此外还能剔除部分城区中的裸地。

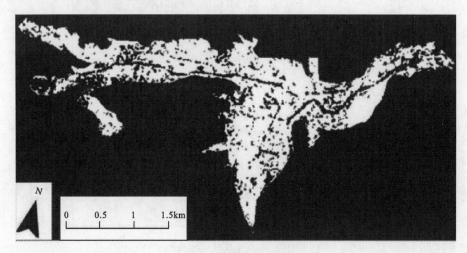

图8-7 非建筑区剔除结果

π/4偶次散射功率的方差纹理、对比度纹理,奇次散射功率的对比度纹理的倒塌建筑物和非倒塌建筑物样本的特征分布如图8-8所示,由此可确定损毁建筑物提取阈值分别为20.34、40.00和55.70。本书分别用这三种纹理特征提取倒塌建筑物的结果,如图8-9所示,三者均能较好地提取出主要的倒塌建筑物,但也有一些存在差异的区域:绿虚线区表示提取结果相对准确的区域,红虚线区表示准确度相对偏低的区域。

对三个单独的纹理特征用投票法确定最终倒塌和完好建筑物区分结果。结果表明,倒塌建筑物的检出率为100%,虚警率为7.06%;完好建筑物的检出率为92.40%,虚警率为0,能很好地区分完好建筑物和倒塌建筑物。

按8.1.3.5节中的建筑物损毁程度的划分标准,将建筑物损毁程度划分为三个等级,最终评估结果如附图7所示。不仅正确评估出了城区西部、西南部的严重损毁区,也基本准确地评估出了城区中部的轻度损毁建筑区;特别地,城区东北区方向大部分存在取向角的完好建筑的损毁程度得到正确评估。对于城区南部存留有少数与方位向平行的建筑物的严重损毁区(附图7中绿虚线框区域),也能准确地评估。

当然,仍然有少部分轻、中度损毁区被误评估为重度损毁区(附图7中红虚线框区域)。这些被误评的区域均为类似城郊村的区域,房屋低矮平整,排列紧凑,其Pauli极化特征及其方差和对比度纹理特征与重度损毁建筑区较为相似,都呈现出低特征值,因此易被误评估。

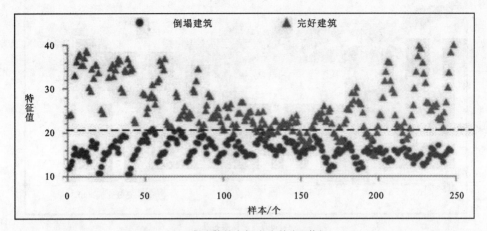

(a) $\pi/4$ 偶次散射功率 ω 的方差纹理特征

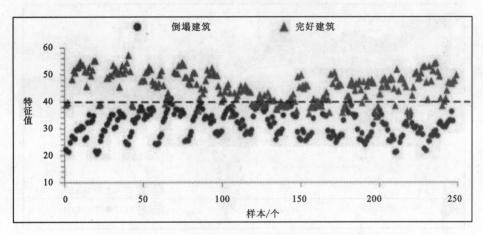

(b) $\pi/4$ 偶次散射功率 ω 的对比度纹理特征

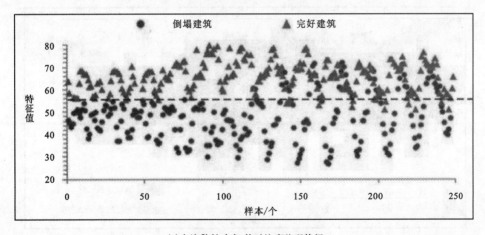

(c) 奇次散射功率 u 的对比度纹理特征

图 8-8 完好/损毁建筑物样本的纹理特征值分布图

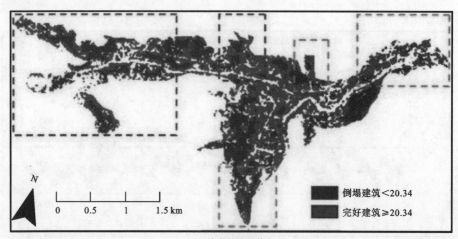

(a) ω 的方差纹理特征

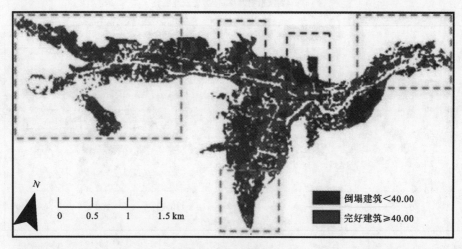

(b) ω 的对比度纹理特征

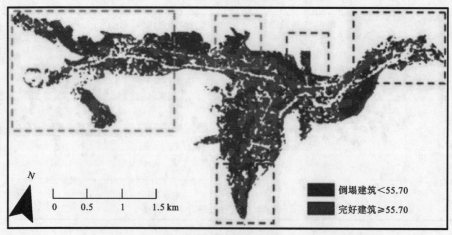

(c) u 的对比度纹理特征

图 8-9 三种特征的倒塌建筑物提取结果

8.2 极化SAR海面油膜检测

海洋石油污染会对海洋生态系统和沿海区域经济造成严重的破坏和巨大的损失。SAR凭借着其全天候、全天时的成像能力,逐渐成为了检测海洋石油污染的重要手段。然而有些"类油膜"现象在SAR图像上具有和油膜类似的表征,增加了溢油检测的难度。近年来,极化SAR逐渐被应用于海面溢油检测的研究中,与SAR相比,极化SAR所特有的极化信息有利于区分油膜与类油膜。按照这些用于海面溢油检测的极化特征所包含的极化信息以及它们检测海洋溢油的原理,极化SAR海面油膜检测可以大致分为三类:基于后向散射功率来检测海洋溢油、基于极化通道之间的相关性进行溢油检测、基于散射机制来检测海洋溢油。

尽管目前极化SAR海面溢油检测已经发展到了一定的阶段,但仍然存在一些难点和挑战:①利用极化特征进行海面溢油检测时仍然存在油膜与类油膜易于混淆的问题,需要进一步提高油膜与类油膜的区分精度;②综合多特征进行海面溢油检测是目前极化SAR海面溢油检测的研究趋势,然而现有综合多特征的极化SAR溢油检测方法仍然没有充分地考虑极化特征的组合方式,对溢油检测的三类极化特征使用不够充分。

8.2.1 实验原理

为了提高海面油膜与类油膜的区分度,Tong等(2019)基于油膜和类油膜的散射机制差异,引入了自相似性参数来提高海面溢油检测中油膜与类油膜之间的可区分度,提出了一种新的综合多特征使用随机森林的极化SAR海面溢油检测方法。该方法综合布拉格散射能量占比 η、几何强度 V、一致性参数 μ、同极化交叉积的实部 R_{cp}、极化度 D_p、基准高度 h_p、伪熵 A_{12}、自相似性参数 $rrr_s(T)$ 八个特征,采用了具有较好的分类性能、能有效地抑制噪声且能较好抑制由类间不平衡造成的误差等特点的随机森林进行海面溢油检测。具体流程如图8-10所示。

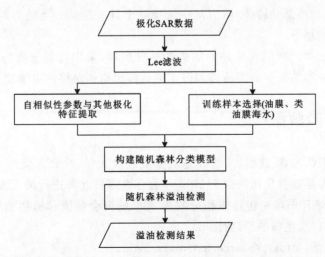

图8-10 综合多特征使用随机森林海面溢油检测方法流程

(1) 溢油检测极化特征计算。对极化 SAR 图像进行滤波处理、极化分解等流程，按照公式进行相应的计算，获得布拉格散射能量占比、几何强度、一致性参数、同极化叉积的实部、伪熵、极化度、基准高度以及自相似性参数这八个极化特征，这些特征将组合起来作为随机森林分类的输入特征集(表 8-3)。

表 8-3 极化特征类型及计算公式

类别	极化特征	计算公式
散射功率	布拉格散射能量占比	$\eta = \dfrac{T_{11} + \|T_{12}\|^2 / T_{11}}{\text{Span}}$
	几何强度	$V = \det(T)^3$
通道相位	一致性参数	$\mu = \dfrac{2(\text{Re}\langle S_{HH} S_{VV}^* \rangle - \|S_{HV}\|^2)}{\text{Span}}$
	同极化叉积的实部	$R_{cp} = \|\text{Re}(\langle S_{HH} S_{VV}^* \rangle)\|$
散射机制	极化度	$D_p = \sqrt{\dfrac{1}{3}\left(\dfrac{\text{tr}(M^T M)}{M_{11}^2} - 1\right)}$
	基准高度	$h_p = \dfrac{\lambda_3}{\lambda_1}$
	伪熵	$A_{12} = \dfrac{\lambda_1 - \lambda_2}{\lambda_1 + \lambda_2}$
	自相似性参数	$rrr_s(T) = \dfrac{\text{tr}(T T^H)}{(\text{tr}(T))^2}$

(2) 选择样本数据。从极化 SAR 图像中选择合适的样本数据作为随机森林模型的训练数据。在海面溢油检测中，样本数据一般包括油膜样本、类油膜样本、海水样本。

(3) 随机森林模型构建。从总的样本数据中随机选择部分样本来获得多个 bootstrap 数据集，使用这些 bootstrap 数据集来构建等量的决策树。在每个决策树的节点部分，从输入的八个特征中随机选择部分特征，然后从中选择一个具有最佳分类能力的特征来决定该决策树的左、右子树的划分。

(4) 随机森林分类。利用训练好的随机森林分类器，采用投票分类的方式对极化 SAR 图像进行分类，将分类结果中的类油膜和海水进行掩膜得到最终的溢油检测结果。

8.2.2 实验数据

实验数据为 UAVSAR 数据，该数据是从挪威北极大学、NASA 喷气实验室、挪威气象研究所、挪威清洁海洋运营公司协会于 2015 年合作在挪威北海进行的人为溢油实验中获取(表 8-4)。UAVSAR 图像中包括体积分数为 80% 的混合油膜和植物油膜，在该实验中植物油膜被用于模拟自然生物油膜(附图 8)。

数据源下载地址：https://search.asf.alaska.edu。

8 分类综合应用

表 8－4 实验数据列表

数据	编号	获取时间	成像环境参数		
			相对风向	成像入射角/(°)	海面风速/(m·s^{-1})
UAVSAR	♯1	2015 年 6 月 10 日 06：13	顺风	39.6～43.5	9～11
	♯2	2015 年 6 月 10 日 07：05	顺风	29.7～34.4	9～11
	♯3	2015 年 6 月 10 日 07：17	逆风	28.9～34.2	9～11

8.2.3 实验步骤

8.2.3.1 获取基础计算值：T 矩阵、C 矩阵、特征值 $\lambda(l_1、l_2、l_3)$

(1) 安装 polSARpro，读取 UAVSAR 原始数据。
(2) 导出 T 矩阵与 C 矩阵（图 8－11）。点击打开主菜单 Data File Conversion，在 Output Data Fomat 内勾选分别转换出 C 矩阵与 T 矩阵。

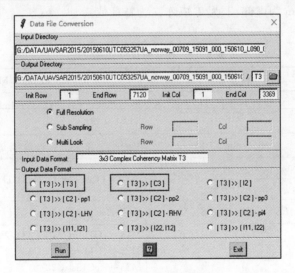

图 8－11 获取 C/T 矩阵

(3) 获取特征值 $\lambda(l_1、l_2、l_3)$（图 8－12）。步骤：Process→H/A/Alpha Decomposition→Eigenvalue Set Parameters→勾选 Eigenvalues→设置 Window Size(7×7)→Run，可得到特征值。

8.2.3.2 计算特征值

(1) 打开 ENVI，将上一步获取的 T 矩阵、C 矩阵、特征值所有波段全部加载进 ENVI。
(2) 在 ENVI Toolbox 内打开 Band Math。

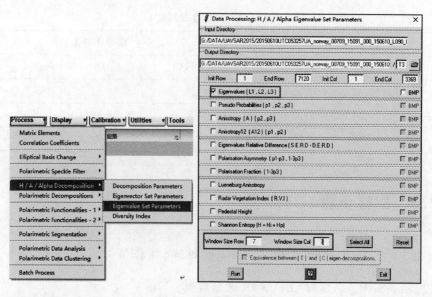

图 8-12 获取特征值

(3)将表 8-5 中 ENVI Band Math 公式去除等号之前内容,并将字母替换为 B(其中,前缀 Re 为实部,前缀 Im 为虚部,T 为 T 矩阵,l 为特征值)。

表 8-5 极化特征值计算公式

极化特征	计算公式	ENVI Band Math 公式
布拉格能量占比	$\eta = \dfrac{T_{11} + \|T_{12}\|^2/T_{11}}{\text{Span}}$	n=(T11+(ReT12^2+ImT12^2)/T11)/(T11+T22+T33)
几何强度	$V = \det(T)^3$	V=(l1 * l2 * l3)^(1.00/3.00)
一致性参数	$\mu = \dfrac{2(\text{Re}\langle S_{HH} S_{VV}^* \rangle - \|S_{HV}\|^2)}{\text{Span}}$	u=2 * (ReC13−C22)/(C11+C22+C33)
同极化叉积的实部	$R_{cp} = \|\text{Re}(\langle S_{HH} S_{VV}^* \rangle)\|$	rco=ReC13
极化度	$D_p = \sqrt{\dfrac{1}{3}\left(\dfrac{\text{tr}(M^T M)}{M_{11}^2} - 1\right)}$	M11=(C11+C22+C33)/2 M22=(C11−C22+C33)/2 M33=ReC13+C22/2 M44=ReC13−C22/2 M12=(C11−C33)/2 M13=(ReC12+ReC23)/sqrt(2) M14=(ImC12+ImC23)/sqrt(2) M23=(ReC12−ReC23)/sqrt(2) M24=(ImC12−ImC23)/sqrt(2) M34=ImC13+C22/2 TrMM=M11^2+2 * M12^2+2 * M13^2+2 * M14^2+M22^2+2 * M23^2+2 * M24^2+M33^2+2 * M34^2+M44^2 DOP=sqrt((TrMM/(M11^2)−1)/3)

续表 8-5

极化特征	计算公式	ENVI Band Math 公式
基准高度	$h_p = \dfrac{\lambda_3}{\lambda_1}$	Ph=l3/l1
伪熵	$A_{12} = \dfrac{\lambda_1 - \lambda_2}{\lambda_1 + \lambda_2}$	A12=(l1−l2)/(l1+l2)
自相似性参数	$rrr_s(T) = \dfrac{\mathrm{tr}(TT^H)}{(\mathrm{tr}(T))^2}$	rrrs=(l1^2+l2^2+l3^2)/(l1+l2+l3)^2

例如：布拉格散射能量占比为(B11+(B12^2+B12^2)/B11)/(B11+B22+B33)，点击 Add to List（图 8-13）。

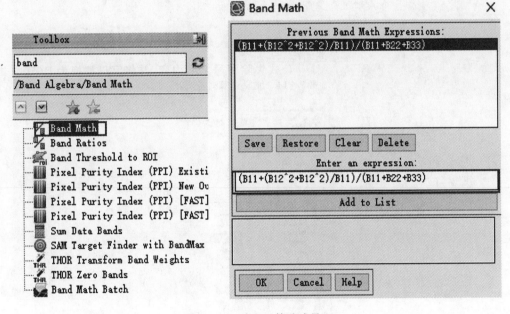

图 8-13 波段运算公式导入

（4）选择公式→OK→将导入的 *C* 矩阵、*T* 矩阵、特征值波段与公式参数一一对应（公式内前缀 Re 对应后缀_real，为该元素的实部；前缀 Im 对应后缀_imag，为该元素的虚部）（图 8-14）。

极化度请根据公式分步计算。

8.2.3.3 勾选样本

（1）将计算出的八种极化特征组合成一幅图像（图 8-15）。具体步骤：ENVI Classic→File→Save File As→ENVI Standard→Import File→全选八个极化特征→OK→Choose→OK。

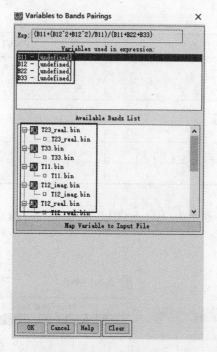

图 8-14 波段计算对应

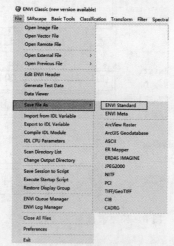

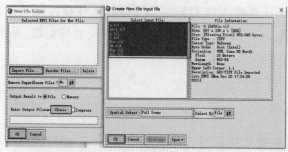

图 8-15 八个特征值组合一幅图像操作

(2)勾选样本(图8-16)。具体步骤:ENVI→右键7波段图像→New Region Of Interest→Region of Interest(ROI)Tool(样本如附图8所示)→File→Save as。

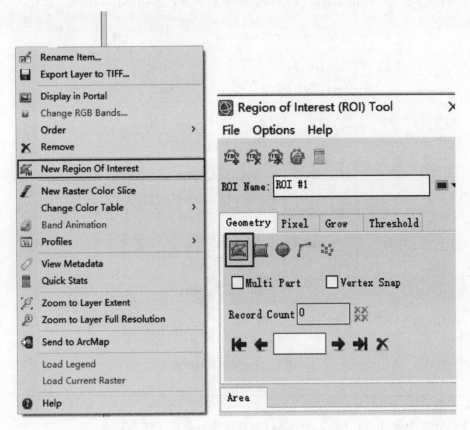

图 8-16 选取 ROI 操作

8.2.3.4 随机森林分类

1. ENVI 随机森林分类器安装流程

1) ENVI App Store 安装

(1) ENVI App Store 工具见 http://www.enviidl.com/appstore/。

(2) 在 ENVI App Store 找到随机森林分类工具,点击 Install App 进行安装。

(3) 重启 ENVI。

2) 手动安装

(1) 下载链接:https://pan.baidu.com/s/18zcCGtH9XeMB0LP6zGPoJQ,提取码:envi。

(2) 下载 ENVIRandomForestClassification.zip,将解压后的 custom_code 和 extensions 文件夹拷贝到…\ENVI5X\下,覆盖并替换。

(3) 重启 ENVI。

2. ENVI 随机森林分类器使用教程

1) 启动

在 Tool Box 中，打开/Extensions/Random Forest Classification(图 8-17)。

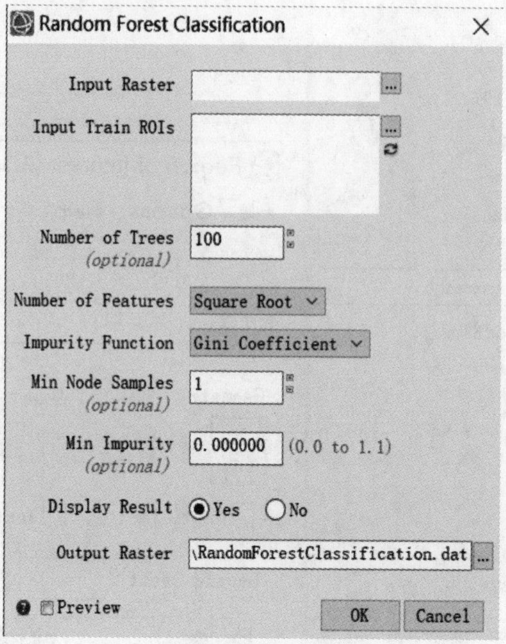

图 8-17 随机森林分类

2) 参数设置

在待分类图像(Input Raster)中进行参数设置时有以下两个要求：

(1) 必须是 ENVI 标准格式数据(二进制文件＋*.hdr 头文件)。

(2) 在选择 Input Raster 时，不能进行空间、光谱裁剪或掩膜。

Input Train ROIs：训练样本，格式为*.xml 或者*.roi；可基于 ROI 工具构建。

Number of Trees：随机森林树的数量，值越大，构建耗时越长，反之用时越少。默认为 100。

Number of Features：特征数量，默认使用 Square Root 方法，即 Number of Features＝sqrt(nb)；若选择 Log 方法，则 Number of Features＝log(nb)。其中 nb 为输入的待分类图像波段数。

Min Node Samples：停止分类最小单节点样本数，minimum number of samples to stop splitting。

Min Impurity：停止分类最小节点数，minimum impurity to stop splitting。

Display Result：是否在 ENVI 中显示分类结果，默认为 Yes。

Output Raster：分类结果输出路径。

3) 设定合适的参数进行随机森林分类

8.2.4 结果分析

随机森林分类器将 UAVSAR 图像分为三类：混合油膜（黄色）、植物油膜（绿色）、海水（蓝色）。在附图 9 中（UAVSAR 图像），所有含油体积分数不同的混合油膜都被很好地分类为油膜，而最下方的植物油膜被分类为类油膜。综合多特征和自相似性参数使用随机森林的溢油检测方法，可使溢油检测的检测率达 90.54%，虚警率为 4.43%，F_1 分数达 92.99%。这说明综合多特征使用随机森林对油膜和类油膜有很好的分类效果。当然，结果中也存在一部分错误分类的情况，如矿物油膜和混合油膜的边缘位置（包括外围边缘和内部空洞的边缘）都有一部分像素被分类为植物油膜，这种现象出现的原因是油膜在海面受扩散作用的影响形成了一层很薄的膜，这层膜厚度过薄导致它被分类为类油膜。

除了溢油检测的结果外，随机森林还可提供一个能评价每个特征在分类过程中对结果的贡献程度的指数，极化特征贡献程度如图 8-18 所示。自相似性参数 rrr_s 的特征贡献度高于其他极化特征的贡献度，说明自相似性参数具有较好的溢油检测能力。

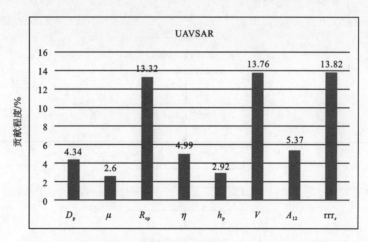

图 8-18 极化 SAR 图像随机森林分类各个极化特征的贡献程度

8.3 农作物分类

雷达是微波遥感应用中的主要传感器。微波遥感的优势主要包括三个方面：①微波具有穿透云层甚至穿透雨区的能力；②微波比光波能更深地穿透植被；③微波与光学遥感得到的信息是不同的，它可以得到研究对象面或体的几何特性和介电特性。由于雷达遥感具有全天时、全天候监测的能力，在对植被散射体形状、结构、介电常数敏感的同时具有一定的穿透能力，在农业监测中极具潜力。雷达遥感目前在农业中的应用主要包括农作物分类与识别、农田参数（含水量和地表粗糙度）反演、农作物长势参数反演（生物量、叶面积指数(leaf area index,LAI)和高度)、农作物物候期划分、农作物灾害监测和农作物估产等。其中,农作物分类与识别是农情监测技术体系的初始和关键环节,精准识别各种农作物类型可实现对农作物种植面积、结构及空间分布的准确估计,并为农作物估产模型提供关键输入参数。各种农作物具有不同的冠层结构、几何特性和介电常数等,导致在不同频率和极化SAR图像中表现为不同的特征,这是采用雷达遥感进行农作物分类和识别的理论基础。

8.3.1 实验原理

在SAR发展初期由于频率和极化的限制,可应用的特征仅为后向散射特征,随着多频率和多极化的出现,可使用的特征逐渐增多,开始引入极化分解特征、干涉特征和层析特征,因此通过增加特征来研究特征的应用潜力是十分必要的,而且在农业应用中农作物识别是一个证明特征潜力的有效手段。因此,在本书中,我们采用了基于C矩阵和T矩阵获取的16个参数进行SVM监督分类,其中主要包括后向散射特征和极化分解特征。

农作物监督分类的主要流程如图8-19所示。

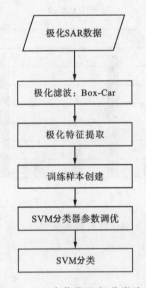

图8-19 农作物监督分类流程

8.3.2 实验数据

选用的数据集为覆盖flevolancl(NL)地区AIRSAR全极化数据(表8-6),以STK-MLC格式存储图像,影像大小为750×1024,数据及样本如附图10所示。

表 8-6 数据信息

数据类型	极化模式	成像时间	观测角	空间分辨率（距离向×方位向）
AIRSAR	全极化	2009-5-3	45°	6.662 0m×12.100 0m

8.3.3 实验步骤

由于使用的数据类型与 6.1 中的不一致,需要详细介绍数据导入方式。

8.3.3.1 数据输入与信息提取

打开 PolSARpro 中的 PolSARpro Bio 模块进行数据导入（图 8-20）：点击 Single Data Set 添加主要输入路径,即数据所在文件;得到警告提示后选择 Yes,在 Import 里点击 Airborne Sensors 选择对应的 AIRSAR 传感器,打开数据输入对话框,选择对话框中的以下参数。

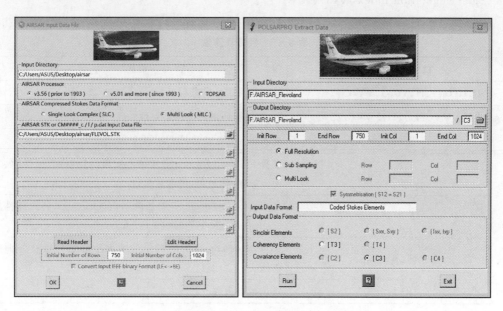

图 8-20 数据输入和信息提取

（1）AIRSAR Processor（AIRSAR 处理器）：v3.56（prior to 1993）。

（2）AIRSAR Compressed Stokes Data Format（AIRSAR 数据格式）：Multi Look（MLC）。

（3）选择文件中的 STK 文件导入数据。

（4）点击 Read Header 读取数据行列号,该数据大小为 750×1024,同时得到一个需要提取数据的提示,点击 OK。

（5）接着在 Import 里选择 Extract PolSAR Images,打开数据提取选择输入框,点击 Full

Resolution,然后选择对应的"C3",点击 Run 即可得到对应的协方差矩阵 C_3;也可以选择"T3"选项,获取相干矩阵 T_3。

8.3.3.2 数据处理

为了降低 SAR 数据的斑点噪声,我们需要进行极化滤波处理,具体步骤为:点击 Process,选择 Polarimetric Speckle Filter 下的 Box-Car Filter,窗口大小为 9×9,点击 Run 获取滤波后的 C_3 矩阵。

8.3.3.3 极化特征提取

在此步骤中我们提取基于 C_3 和 T_3 矩阵的 16 个特征,其中基于 C_3 矩阵的特征参数包括:线极化后向散射系数(HH、HV 和 VV)和线极化总功率(Span),共 4 个;基于 T_3 矩阵的特征参数包括:$H/A/\alpha$ 分解参数(H、A、α)、Freeman-Durden 分解参数(P_s、P_d、P_v)、Neumann 分解参数($|\delta|$、φ_δ、τ)、Pauli 极化通道后向散射系数(HH+VV、HH-VV)和雷达植被指数(rader vegetation index,RVI)(表 8-7)。

表 8-7 极化观测值

极化观测值	描述
HH(C_{11})、HV(C_{22})、VV(C_{33})	线极化通道后向散射系数
HH+VV(T11)、HH-VV(T22)	Pauli 极化通道后向散射系数
Span	总功率
P_s、P_d、P_v	来自 Freeman-Durden 分解的不同散射机制(表面散射、二面角散射、体散射)的散射能量
H、A、α	来自 Cloude-Pottier 分解的散射熵(entropy)、各向异性度(anisotropy)和平均散射角(alpha angle)
$|\delta|$、φ_δ、τ	来自 Neumann 分解的粒子散射大小和相位以及方向随机性
RVI	雷达植被指数

(1)后向散射特征获取示例(以 C_3 矩阵为例,T_3 矩阵相关后向散射系数获取方式与 C_3 矩阵一致,其中 C_3 与 T_3 之间的转换参考 8.2.3 节的图 8-11)。点击 Process,选择 Matix Elements,在信息获取面板中选择"C11""C22""C33"和"Span"选项,点击 Run 即可(图 8-21)。

(2)极化分解参数获取示例(主要采用 T_3 矩阵)。由于 $H/A/\alpha$ 分解和 Freeman-Durden 分解在 6.2 中已介绍,这里仅介绍 Neumann 分解。点击 Process,在 Polarimetric Decomposition 面板下打开 NEU:Neumann 2 Component Decomposition,修改窗口大小为 1,点击 Run 即可(图 8-22)。RVI 提取可参考 8.2.3 节的图 8-12 中的特征值提取面板。

通常在分类过程中,为了寻找较优的分类结果,往往会利用特征组合的手段,因此本书

8 分类综合应用

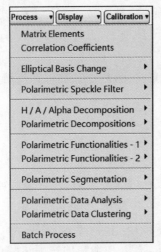 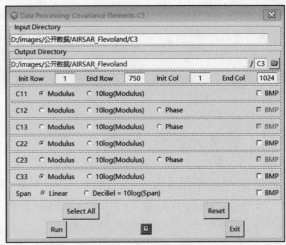

图 8-21 后向散射信息提取

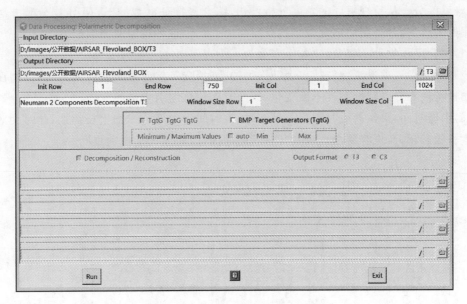

图 8-22 Neumann 分解参数获取

通过分别进行不同特征组合的 SVM 监督分类,来获取最佳分类效果,包括:$H/A/\alpha$ SVM 监督分类、Freeman-Durden SVM 监督法分类、Neumann SVM 监督分类、基于协方差矩阵(C_3)后向散射特征的 SVM 监督分类、基于相干矩阵(T_3)后向散射特征的 SVM 监督分类和所有特征叠加的 SVM 监督分类。

8.3.3.4 SVM 监督分类

(1)创建训练样本。本次实验选了 15 个类别:建筑、水体、甜菜、森林、苜蓿、大麦、豌豆、草、黄豆、裸土、油菜籽、土豆、小麦 1、小麦 2、小麦 3,按顺序选择。

(2) 特征选择。选取上述提取的所有特征,在此处需确保特征参数文件位于操作目录下(即若软件显示该目录为"T3",那么需将所有特征复制到该目录下,否则将无法选择目录以外的特征)。

(3) SVM 参数。在进行分类对比时,只需进行一次参数优化,后续分类可都使用相同的参数,如 $C=256$,$G=1$。

8.3.4 结果分析

本书将 AIRSAR 图像分为 15 类:建筑、水体、甜菜、森林、苜蓿、大麦、豌豆、草、黄豆、裸土、油菜籽、土豆、小麦 1、小麦 2、小麦 3,分类结果如附图 11 所示,精度分别为 95.16%、91.7%、94.09%、94.22%、89.64%、78.60%、94.20%、48.13%、90.22%、98.22%、83.00%、89.74%、89.89%、87.18%、64.58%(图 8-23)。有七种地物的精度达到 90%以上,特别是裸土可达 98%。草的精度最低,并未达到 50%,原因可能是草的结构和种类比较复杂,难以区分。从目视解译的角度分析可知,综合多特征参数的 SVM 作物分类方法并未得到很好的效果,分类图中出现较多的散斑噪声。产生这种现象的原因如下。

(1) 实验区作物种类繁杂:比如小麦分为了小麦 1、小麦 2 和小麦 3。

(2) 影像单一:单景影像特征仅表征作物的瞬时状态,然而对于农作物而言,作物在生长中的结构特性和介电特性都在不断变化,因此时序信息的引入至关重要。

(3) 影像时间:影像获取时间为 5 月 3 日,该时间为大部分作物生长初期,此时大部分作物的生长状态相近,更容易出现"异物同性"的情况,因而加大了识别难度。

	水体	森林	油菜籽	建筑	黄豆	苜蓿	大麦	小麦3	土豆	小麦2	豌豆	小麦1	裸土	草	甜菜
水体	91.70	0.00	0.24	0.00	0.02	0.76	0.00	0.00	0.12	0.00	0.36	0.02	6.15	0.64	0.00
森林	0.00	94.22	0.00	0.00	0.40	0.00	0.00	0.00	1.14	0.00	0.00	0.00	0.00	4.24	0.00
油菜籽	0.00	0.00	83.00	0.85	0.02	0.00	2.41	0.18	0.00	6.46	0.10	6.43	0.00	0.42	0.11
建筑	0.00	0.00	0.09	95.16	3.69	0.35	0.09	0.09	0.00	0.00	0.00	0.18	0.00	0.00	0.35
黄豆	0.00	0.06	0.01	0.12	90.22	3.70	0.05	0.06	0.01	0.00	2.66	1.69	0.00	1.13	0.29
苜蓿	0.00	0.01	0.00	0.00	0.86	89.64	0.41	1.47	0.00	0.13	0.00	0.00	0.00	7.48	0.00
大麦	0.00	0.00	2.47	0.00	0.00	0.36	78.60	13.16	0.00	2.58	0.00	0.53	0.00	2.31	0.00
小麦3	0.00	0.06	0.47	0.37	1.09	0.97	16.22	64.58	0.00	10.61	0.82	0.00	0.12	2.77	1.93
土豆	0.04	2.49	0.00	0.26	0.43	0.00	0.00	0.03	89.74	0.00	0.66	0.08	0.00	2.97	3.30
小麦2	0.00	0.00	6.44	0.00	0.00	0.00	1.22	0.69	0.00	87.18	0.00	4.47	0.00	0.00	0.00
豌豆	0.00	0.00	0.47	0.62	0.13	0.00	0.03	0.00	0.28	0.10	94.20	2.62	0.00	0.00	1.55
小麦1	0.00	0.00	2.26	0.01	0.00	0.00	2.02	0.00	0.00	3.08	1.26	89.89	0.00	0.02	1.37
裸土	0.44	0.00	0.00	0.00	0.00	0.00	0.00	0.00	0.02	0.00	0.00	0.00	98.22	1.32	0.00
草	0.00	11.82	0.78	0.10	0.55	14.63	3.24	7.68	8.15	0.61	0.07	0.38	0.86	48.13	2.99
甜菜	0.00	0.00	0.41	0.08	0.06	0.00	0.06	0.02	0.66	0.00	3.69	0.58	0.00	0.35	94.09

图 8-23 作物分类结果混淆矩阵

9 形变反演综合应用

本章以地震形变反演、时序 InSAR 滑坡监测、冻土监测等形变反演应用为例,概述每类应用的原理和方法,详细介绍每类应用的实现过程和操作流程。

9.1 地震形变反演

2021 年 5 月 22 日凌晨 2 时 4 分,青海省果洛藏族自治州玛多县发生 7.4 级地震,震中坐标:北纬 34.59°,东经 98.34°,震源深度为 17km。截至 2021 年 5 月 25 日,共造成果洛藏族自治州玛多县、玛沁县、班玛县、甘德县、达日县,玉树藏族自治州曲麻莱县、称多县共 7 个县 40 个乡镇 35 521 人受灾。本书基于 Sentinel-1A 数据(表 9-1)和 SNAP 软件,使用 D-InSAR 方法对此次青海地震所引起的地表形变信息进行反演。

表 9-1 Sentinel-1A IW SLC 像对数据情况

极化方式	VV 极化
入射角	39.44°
成像时间	2021 年 5 月 20 日(震前),2021 年 6 月 1 日(震后)
成像范围	青海省东南部地区
空间分辨率	5m×20m(单视)
辅助数据	30m 分辨率的 SRTM DEM 数据(https://vertex.daac.asf.alaska.edu/)

本书基于 SNAP 软件进行此次青海省果洛藏族自治州玛多县的地震形变反演实验。SNAP 支持直接将网站下载的 Sentinel-1A 数据压缩包拖入 Product Explorer 窗口中实现数据导入,可点击展开列表下的 Bands 查看。图 9-1 展示了 2 景 IW2 数据使用 VV 极化方式时的部分强度图像。

SNAP 软件的一大特点,即 Tools→Graph Builder 工具允许用户从可用操作符列表中组合图形,并将操作符节点连接到它们的源,可按照实验需求自建工作流,操作起来十分方便。因此,本次实验所遵循的处理链将由图表方式表示并保存为 XML 文件,方便后续使用,同时建议在连接最终图形后再在每个操作符中设置参数。

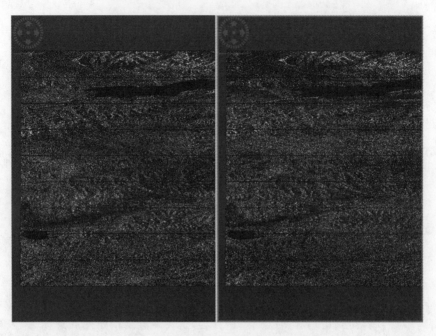

图 9-1　VV 极化下部分强度图像

9.1.1　数据预处理

(1)打开 Tools→Graph Builder 窗口,在绘制工作流窗口空白处用鼠标右键点击Add→Radar→ Sentinel-1 TOPS→TOPSAR-Split,添加 TOPSAR-Split 操作符;类似地点击Add→Radar→Apply-Orbit-File,添加 Apply-Orbit-File 操作符。每添加完成一个操作符,图表中会出现一个新的矩形操作符,下方会显示一个新选项卡。

现在通过单击 Read 运算符的右侧并将箭头拖向 TOPSAR-Split 操作符,实现工作流的连接,类似地将 TOPSAR-Split 与 Apply-Orbit-File、Write 依次相连,如图 9-2 所示,点击 Save 按钮将工作流保存为 Preprocess_Graph. xml 文件。

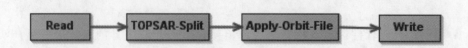

图 9-2　数据预处理实验步骤

(2)TOPSAR Split 操作实际可以理解为实现一个数据裁剪的功能,用户可根据研究区的范围进行条带(IW1、IW2、IW3)和 burst 的选择,减小数据处理的范围,从而加快实验流程。本次实验选择 IW2 中 VV 极化方式的 burst5、burst6、burst7、burst8 作为研究区进行实验(图 9-3)。

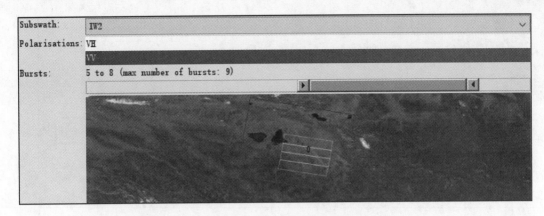

图9-3 Split操作界面

(3) Apply-Orbit-File是指在Sentinel-1产品中应用轨道文件,以提供准确的卫星位置和速度信息(图9-4)。将选项卡中参数保持默认,由于SNAP只支持自动下载方式的轨道数据导入,因此需要勾选Do not fail if new orbit file is not found。

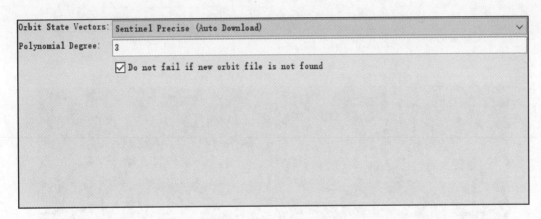

图9-4 Apply-Orbit-File操作界面

(4) 因为要对上文20210520和20210601图像进行上述相同处理,故本书使用SNAP的批处理功能。打开Tools→Batch Processing窗口,点击图中方框处符号添加数据,然后点击Load Graph添加Preprocess_Graph工作流(图9-5)。

(5) 根据前文说明设置好三个工作模块的参数,在用户指定输出路径后点击Run进行实验。处理完成后SNAP会自动加载2景并添加到_Orb后缀的结果图像中,如图9-6所示。

9.1.2 配准干涉工作流

(1) 打开Graph Builder窗口,在绘制工作流的空白处点击鼠标右键添加一个Read操作符,分别读入2景图像。接着点击Add→Radar→Coregistration→S-1 TOPS Coregistration→

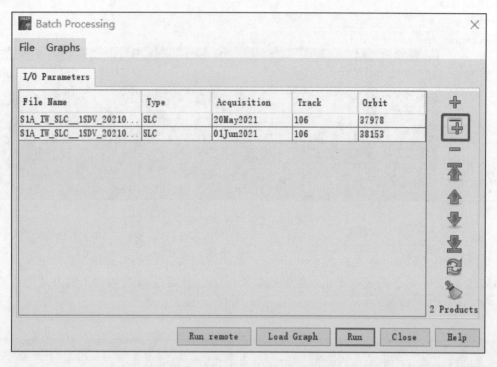

图 9-5 Batch Processing 操作界面

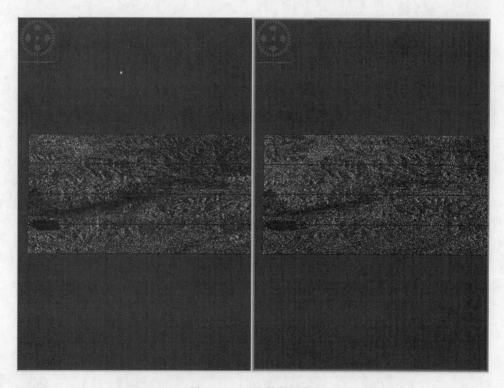

图 9-6 _Orb 结果图像

Back-Geocoding,添加 Back-Geocoding 操作符；点击 Add→Radar→Coregistration→S-1 TOPS Coregistration→Enhanced-Spectral-Diversity,添加Enhanced-Spectral-Diversity 操作符；点击 Add→Radar→Interferometric→Products→Interferogram,添加 Interferogram 操作符；点击 Add→Radar→Sentinel-1 TOPS→TOPSAR-Deburst,添加 TOPSAR-Deburst 操作符。然后,以类似的方法将以上工作步骤依次相连,如图 9-7 所示。点击 Save 按钮将工作流保存为 Preprocess_Graph_1.xml 文件。

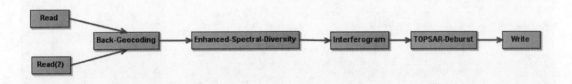

图 9-7　配准干涉处理实验步骤

（2）读入两幅图像数据后先进行配准,将第二幅图像配准到第一幅（主图像）上,在 Back-Geocoding 操作界面中使用两个产品的轨道和数字高程模型（DEM）对同一子扫描带的两幅 Sentinel-1A 图像（主和从）进行配准。在选项卡中选择外部 DEM（External DEM）,输入准备好的范围大于本书研究区的 DEM 数据。本实验选取 30m 分辨率 SRTM 数据,同时勾选 Output Deramp and Demod Phase（图 9-8）。

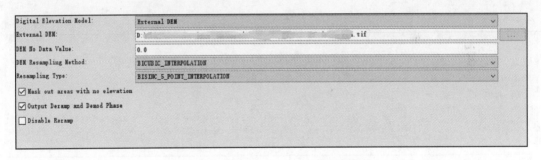

图 9-8　Back-Geocoding 操作界面

（3）Back-Geocoding 操作完成后通过 Enhanced-Spectral-Diversity 对相邻 burst 和 swath 数据的重叠区域进行配准处理以达到 0.0001 像素的配准精度（图 9-9）。在选项卡中将 Coherence Threshold for Outlier Removal 选项的值调整为 0.15,其余参数保持默认值即可。

（4）干涉处理（Interferogram）（图 9-10）。这个阶段将在干涉像对（主和从）之间生成干涉图,同时估计干涉图像的相干性,在参数列表中设置距离向相干窗口大小（Coherence Range Window Size）的参数为 18,SNAP 自动计算方位向相干窗口大小（Coherence Azimuth Window Size）,其余参数保持默认值。

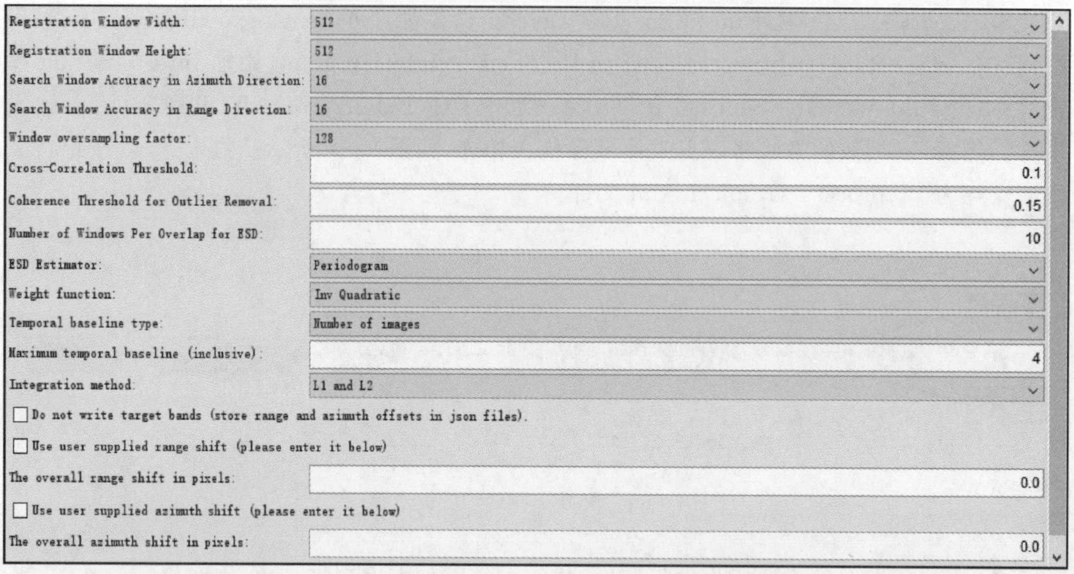

图 9-9 Enhanced-Spectral-Diversity 操作界面

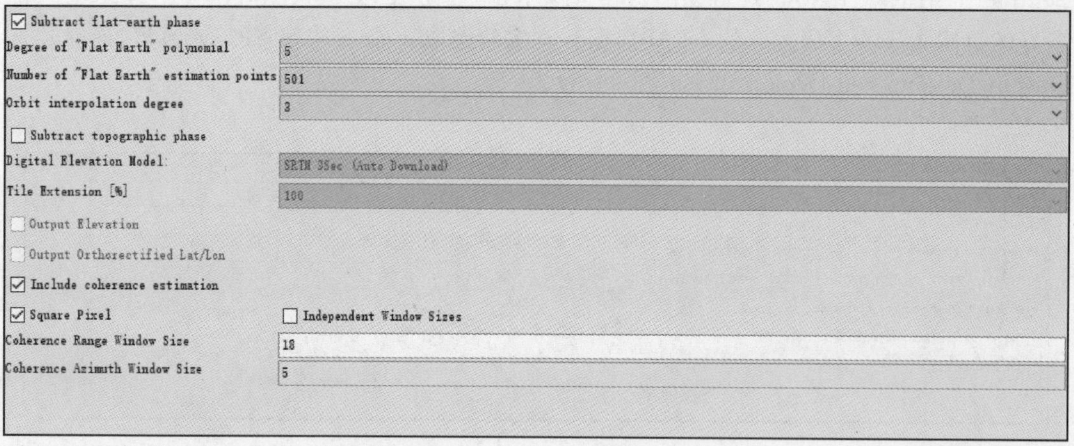

图 9-10 Interferogram 操作界面

(5)接着进行 TOPSAR-Deburst 处理,不用设置参数。Deburst 可以理解为一个拼接的操作,将处理好的不同的 burst 进行组合,形成一个完整的图像,最后输出到用户指定文件夹。

(6)根据前文说明设置好各工作模块的参数后,点击 Run 进行实验,这一步处理所需的时间较长(8 代 i5,16G 内存,大概需要 140 分钟)。处理完成后 SNAP 会自动加载添加了_Stack_Ifg_Deb 后缀的结果图像,图 9-11 和图 9-12 为干涉相位结果和相干系数图。

图 9-11 干涉相位结果

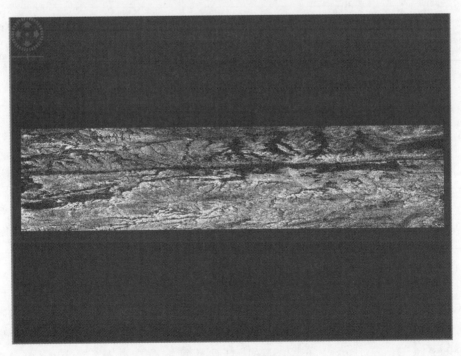

图 9-12 相干系数图

9.1.3 干涉后处理及 Snaphu 导出

(1)打开 Graph Builder 窗口,同上所示在空白处单击鼠标右键,添加 Read 操作符读入上一步结果图像。接着点击 Add→Radar→Interferometric→Products→TopoPhaseRemoval,添加 TopoPhaseRemoval 操作符;点击 Add→Radar→SAR Utilities→Multilook,添加 Multilook 操作符;点击 Add→Radar→Interferometric→Filtering→GoldsteinPhaseFiltering,添加 GoldsteinPhaseFiltering 操作符;点击 Add→Radar→Interferometric→Unwrapping→SnaphuExport,添加 SnaphuExport 操作符。然后,以类似的方法将以上工作步骤依次相连,如图 9-13 所示。点击 Save 按钮将工作流保存为 Preprocess_Graph_2.xml 文件。

图 9-13 干涉后处理及 Snaphu 导出实验步骤

(2)在读入上一步生成的干涉图结果后,必须去除地形相位,即进行 TopoPhaseRemoval 操作(图 9-14)。在选项卡中选择外部 DEM(External DEM),输入上文 DEM 数据,同时勾选 Output topographic phase band。

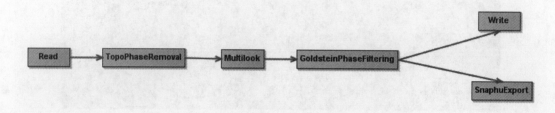

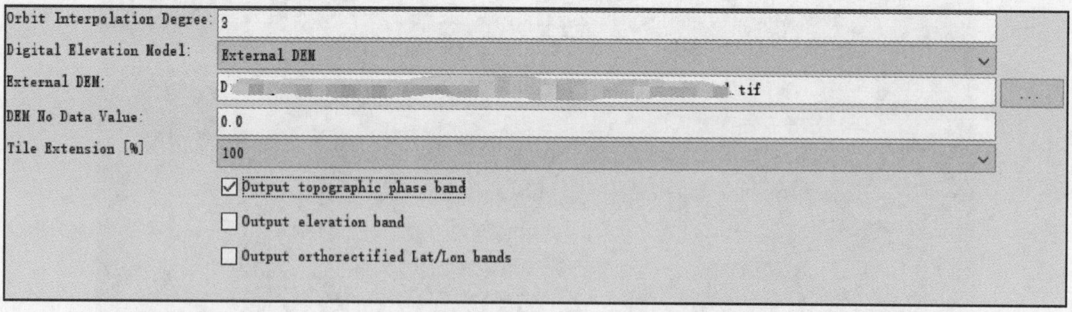

图 9-14 TopoPhaseRemoval 操作界面

(3)由于原始 SAR 图像包含固有的斑点噪声,此时应用多视处理(Multilook)以减少斑点噪声并提高图像可解释性(图 9-15)。在 Multilook 列表中设置下列参数。①距离向数量(Number of Range Looks):6;②SNAP 自动计算方位向数量(Number of Azimuth Looks):2。其余参数保持默认值即可。

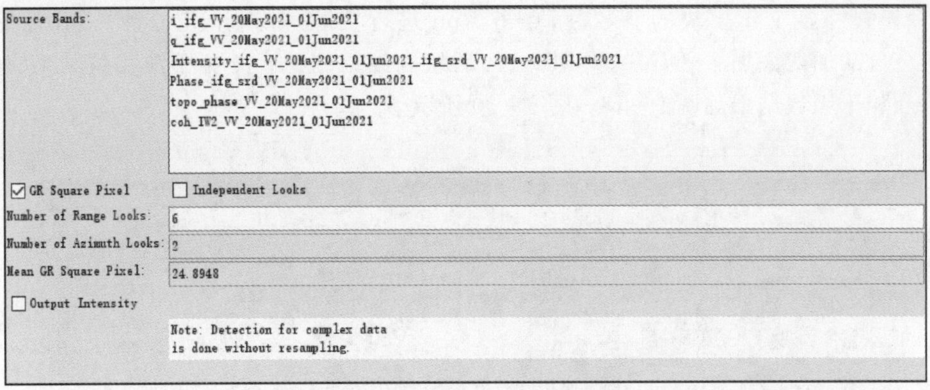

图 9-15 Multiloook 操作界面

(4)接下来对干涉图进行相位滤波,以便减少相位噪声,对可视化或相位解缠均有帮助(图 9-16)。本书使用 Goldstein 滤波方法,在参数列表中将 FFT Size 设置为 128。

图 9-16 Goldstein 滤波操作界面

(5)滤波后需要保存输出结果,即多视和滤波后的差分干涉图(图 9-17)。由于 SNAP 本身不具备相位解缠功能,需要借助 Snaphu 插件,导出一份与 Snaphu 处理相兼容的数据。在 SnaphuExport 选项卡中,指定目标文件夹(Target folder)的完整路径并保存。此外,设置如下参数。①初始方法(Initial method):MCF;②Number of Tile Rows:1;③Number of Tile Columns:1;④Row Overlap:0;⑤Column Overlap:0。其他参数保持默认值即可。

图 9-17 Snaphu 数据导出操作界面

(6)设置好各工作模块的参数后,点击 Run 进行实验(耗时十几分钟)。处理完成后 SNAP 会自动加载添加了_DInSAR_ML_Flt 后缀的结果图像。差分干涉相位结果、地形相位结果和相干系数结果如图 9-18~图 9-20 所示。

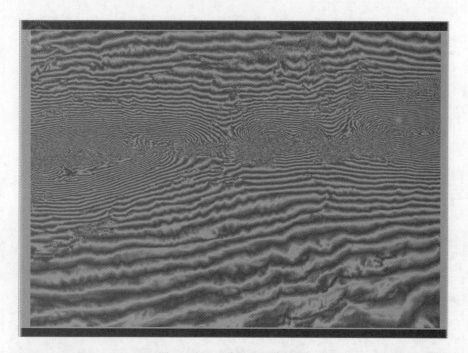

图 9-18　差分干涉相位结果

图 9-19　地形相位结果

9 形变反演综合应用

图 9-20 相干系数结果

9.1.4 Snaphu 相位解缠

（1）使用 Snaphu 插件进行相位解缠（图 9-21）。软件压缩包及部分使用说明可在网站 http://blog.sciencenet.cn/blog-791897-1178106.html 下载得到，本书使用 Windows 环境下的 64 位软件即可。在使用前文工作流进行 SnaphuExport 操作时，可能会出现部分导出文件缺失的情况，因此建议将添加了_DInSAR_ML_Flt 后缀的结果图像单独导出一次（Radar→Interferometric→Unwrapping→SnaphuExport），导出结果如图 9-21 所示。

coh_IW2_VV_20May2021_01Jun2021.snaphu.hdr	2021/9/7 14:21	HDR 文件	1 KB
coh_IW2_VV_20May2021_01Jun2021.snaphu.img	2021/9/7 14:21	光盘映像文件	45,797 KB
Phase_ifg_VV_20May2021_01Jun2021.snaphu.hdr	2021/9/7 14:21	HDR 文件	1 KB
Phase_ifg_VV_20May2021_01Jun2021.snaphu.img	2021/9/7 14:21	光盘映像文件	45,797 KB
snaphu.conf	2021/9/7 14:21	CONF 文件	2 KB
UnwPhase_ifg_VV_20May2021_01Jun2021.snaphu.hdr	2021/9/7 14:21	HDR 文件	1 KB

图 9-21 Snaphu 导出结果列表

（2）在网站上下载压缩包并进行解压，将上述导出的 Snaphu 结果全部复制到解压文件夹的 bin 目录下，然后在此目录下打开 cmd（直接在文件夹路径栏输入 cmd 回车即可调出控制台），将 snaphu.conf 文件第七行中类似 snaphu-f snaphu.conf Phase_ifg_VV_20May2021 _01Jun2021.snaphu.img 4237 的一段操作命令复制输入 cmd，进行相位解缠操作，此次操作需要半小时左右。处理完成后得到如图9-22所示的两个结果文件,并将它们粘贴回上述两个原始路径中(对使用工作流处理的文件夹和单独处理文件夹建议都进行粘贴)。

UnwPhase_ifg_VV_20May2021_01Jun2021.snaphu.img	2021/9/7 14:55	光盘映像文件	45,797 KB
snaphu.log	2021/9/7 14:23	文本文档	4 KB

图9-22 Snaphu解缠结果列表

(3)接下来将解缠结果导入SNAP中,选择Radar→Interferometric→Unwrapping→Snaphu Import。在弹出的窗口1-Read-Phase中选择缠绕(未解缠)的数据;在2-Read-Unwrapped-Phase中选择解缠后的数据头文件(.hdr),即单独导出文件夹下的UnwPhase_ifg_VV_20May2021_01Jun2021.snaphu.hdr文件;在3-SnaphuImport中勾选Do Not Save Wrapped Interferogram in the Target Product;在4-Write中的输出文件名中加入_Unw,以表示该结果为解缠结果。点击Run运行,得到的解缠结果如图9-23所示。

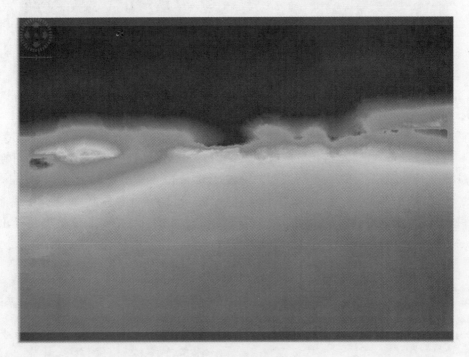

图9-23 解缠结果

9.1.5 相位转形变

将解缠后的相位转变为形变,点击Radar→Interferometric→Products→Phase to Displacement,选择上一步结果后点击Run运行,SNAP会自动加载添加了_dsp的结果图像,如图9-24所示。

图 9-24 相位转形变结果

9.1.6 地理编码

最后进行地理编码,把雷达坐标系下的形变量转化为地理坐标系,选择 Radar→Geometric→Terrain Correction→Range Doppler Terrain Correction。在 Range Doppler Terrain Correction 列表中,选择经过相位转形变的数据作为输入参数,选取准备好的外部 DEM(External DEM),将其他参数保持默认值,得到地理编码后的真实地表形变结果(添加_TC 后缀),配色显示如图 9-25 所示。

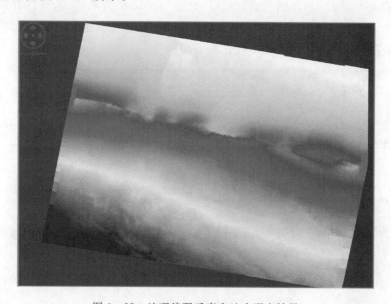

图 9-25 地理编码后真实地表形变结果

9.2 时序 InSAR 滑坡监测

滑坡是一种在地球斜坡表面常见的地质灾害类型,在城镇区、交通运输道路、偏远山区等都造成了严重的经济损失和人员伤亡。在我国的地质灾害中,滑坡灾害所占比例约75%,平均每年造成的经济损失超过20亿元,是我国破坏性最大的地质灾害类型。全国地质灾害调查结果表明,我国大部分省市都受到不同程度的滑坡灾害威胁,如2017年6月24日,四川省阿坝州茂县叠溪镇新磨村突发山体高位垮塌,造成河道堵塞范围达2km,100余人被掩埋;2017年8月28日,贵州省毕节市发生一起大型山体滑坡,造成27人死亡,直接经济损失8400万元。开展滑坡监测预警是降低滑坡防灾减灾的重要手段之一,时序InSAR技术是一种有效的慢速滑坡监测手段,并且具备不受天气条件影响,具有全天时、全天候观测的特点。本节以三峡库区树坪滑坡为例,对时序InSAR技术的滑坡监测作详细阐述。

9.2.1 树坪滑坡简介

树坪滑坡位于三峡库区湖北省秭归县沙镇溪镇树坪村一组,长江南岸,下距三峡工程大坝坝址约47km(图9-26)。该滑坡属古崩滑堆积体,发育在由三叠系巴东组泥岩、粉砂岩夹泥灰岩组成的逆层向斜坡地段,地层产状倾向120°～173°,倾角9°～38°。滑体总体形态为比较明显的圈椅状,滑体两侧以冲沟为界,后缘高程为340～400m,前缘剪出口高程为60m,滑体南北纵长约800m,东西宽约700m;滑坡面积约$5.5×10^5 m^2$,滑坡厚度范围在30～70m之间,总体积约$2750×10^4 m^3$。其中,滑坡东侧及中部变形较大,为主滑区,面积约$35×10^4 m^2$,体积约$1575×10^4 m^3$。树坪滑坡规模较大,变形迹象明显,滑体一旦滑移将造成620亩(1亩≈666.667m^2)橘林损失,中断并破坏沿江沙黄公路约800m。滑坡入江产生的次生涌浪灾害将危及附近库岸居民和长江航运的安全。

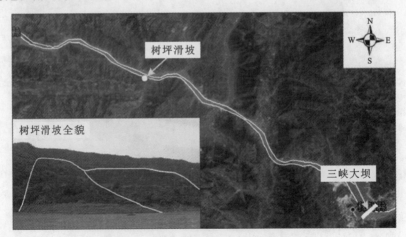

图9-26 树坪滑坡位置及全貌图

9.2.2 时序 InSAR 处理

本次实验以 Sentinel-1 数据为例,从 https://scihub.copernicus.eu/dhus/#/home 或 https://search.asf.alaska.edu/#/下载 2019 年 1 月 6 日至 2019 年 12 月 20 日共 28 景干涉宽幅模式(IW)的升轨图像。另外,所用图像的精密轨道参数均可从以下两个网址获取: https://qc.sentinel1.eo.esa.int/和 https://s1qc.asf.alaska.edu/。本次实验应用二轨差分法进行 D-InSAR 处理,选用开源的航天飞机雷达地形测图计划(SRTM)数字高程模型反演干涉条纹。本次实验在 ENVI 和 SARscape 的软件环境中进行,采用经典的小基线集技术进行滑坡位移时间序列提取,实现滑坡的变形监测。

9.2.2.1 雷达图像数据导入

(1)在 SARscape 中打开数据导入工具/SARscape/Import Data/SARSpaceborne/Sentinel 1。点击打开 Input File List 面板,输入 28 景 Sentinel-1 数据的元数据文件,并手动输入从欧空局下载的精密轨道参数文件(图 9-27)。

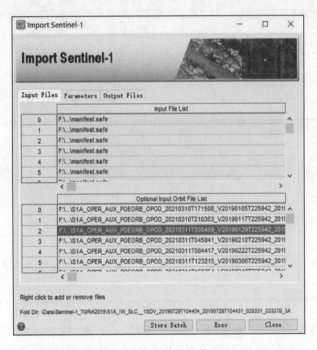

图 9-27 图像数据输入

(2)打开 Parameters 面板,将 Rename the File Using Parameters 设置为 True,对输出的数据自动按照数据类型进行命名。打开 Output Files 面板,若已设置过默认的输出路径,这里直接按照默认参数设置即可;如果要修改输出路径,则在数据输出路径上点击右键,选择 Change Output Directries,完成输出路径更改后,单击 Exec 执行图像的导入(图 9-28)。

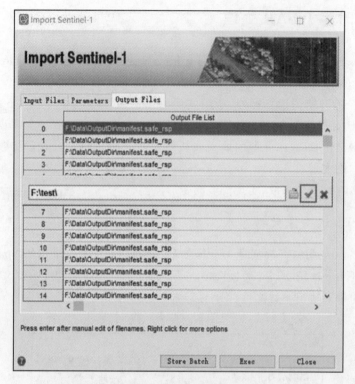

图 9-28 修改输出路径

9.2.2.2 雷达图像裁剪

(1)打开/SARscape/General Tools/Sample Selections/Sample Selection SAR Geometry Data 工具的 Input Files 面板,选择导入需要裁剪的 28 景 Sentinel-1 图像数据的_VV_slc_list 文件(图 9-29)。

(2)打开 Optional File 面板,在 Vector File 中导入树坪滑坡试验区的矢量文件 boundary. shp,边界范围如图 9-30 所示。在 DEM File 中导入外部数字高程模型 SRTM(图 9-31)。再打开 Output Files 面板,默认的文件名中添加了_cut,点击 Exec 执行裁剪操作。

9.2.2.3 连接图生成

(1)在 Toolbox 中,选择/SARscape/Interferometric Stacking/SBAS/1-Connection Graph。打开 Input Files 面板,单击 Browse 按钮,选择输入所有裁剪后的 SLC 数据(图 9-32)。

(2)打开 Parameters 面板,选择 Principal Parameters,设置参数如下:临界基线最小百分比(Min Normal Baseline)和临界基线最大百分比(Max Normal Baseline)分别设为 0 和 2(图 9-33)。此外,在这个过程中,建议把空间和时间基线阈值稍微调大,以避免完全空间失相关。将最小时间基线(Min Temporal Baseline)和最大时间基线(Max Temporal Baseline)

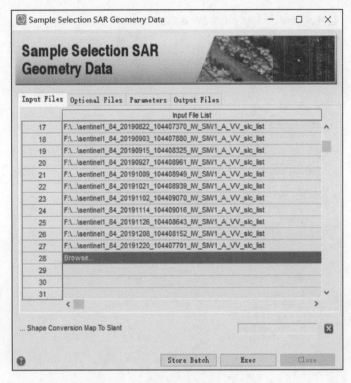

图 9-29 输入要裁剪的文件

图 9-30 试验区图像裁剪范围

分别设置为 0 和 120,将允许孤立的像对连接(Allow Disconnected Blocks)设置为 False。打开 Output Files 面板,选择输出路径和文件根名称,如这里输出文件根名称为 conectGraph。单击 Exec 按钮,输出结果如图 9-34 所示。

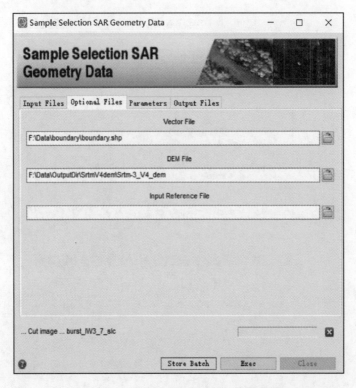

图 9-31 输入试验区的范围和高程数据

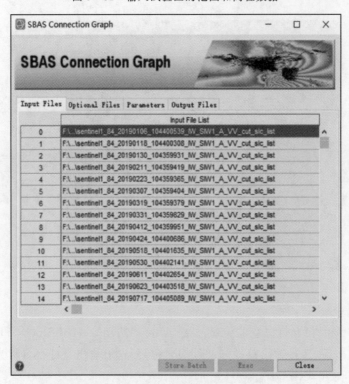

图 9-32 输入裁剪后的 SLC 数据

9 形变反演综合应用

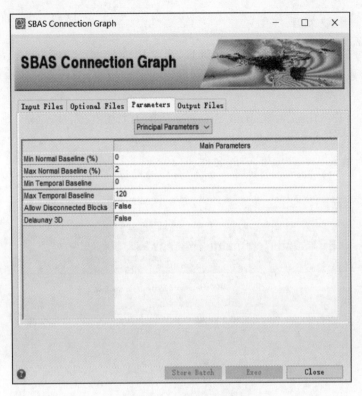

图 9-33　连接图参数设置

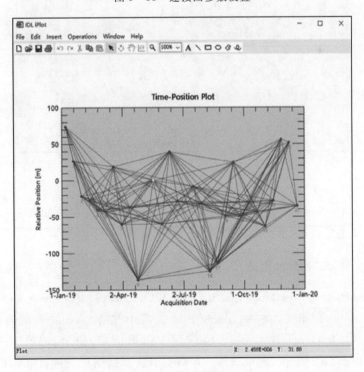

图 9-34　图像时空基线图

9.2.2.4 干涉处理

对所有选取的干涉对影像进行干涉处理,包括图像配准、干涉图生成、干涉图去平、滤波、相干系数生成和相位解缠,生成一系列解缠之后的相位图,为后面的轨道精炼、重去平以及形变参数反演作准备。

打开/SARscape/Interferometric Stacking/SBAS/2-Interferometric Process 的 Input Files 面板,输入 9.2.2.3 节生成的 auxiliary.sml 文件(图 9-35)。在 DEM/Cartographic System 面板中,输入 Srtm-3_V4_dem 文件。

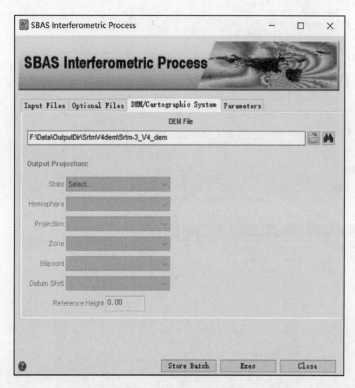

图 9-35 导入 DEM 文件

(2)打开 Parameters 面板,选择 Principal Parameters,设置参数如图 9-36 所示。单击 Exec 执行干涉图生成处理,示例结果如图 9-37 所示。

9.2.2.5 轨道精炼和重去平

(1)选择/SARscape/Interferometric Stacking/SBAS/SBAS Refinement and Re-Flattening 面板,打开 Input Files 面板,在 Auxiliary File 选项中选择 auxiliary.sml;在 Refinement GCP File 选项中打开 Generate Ground Control Points 面板,创建 GCP。分别输入三个文件:Input File,用于 GCP 定位,这里选择一个数据对的解缠结果文件;DEM File,可选项,用于检测 GCP 对应的高程值;Reference File,可选项,为选择 GCP 提供一个参考依据,可以选

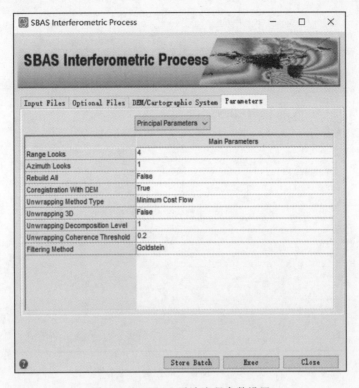

图 9-36　SBAS 干涉流程参数设置

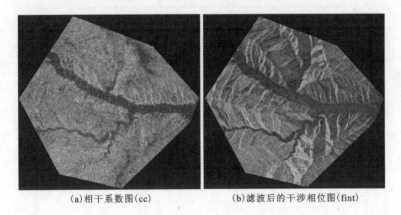

(a)相干系数图(cc)　　　(b)滤波后的干涉相位图(fint)

图 9-37　不同日期的 2 景图像组成的干涉像对

择相干系数图、干涉图等(图 9-38)。

(2)在 Generate Ground Control Points 面板中,单击 Next 进入 GCP 选择面板。利用鼠标在窗口中点击选择控制点。打开 Export 选项,选择输出路径和文件名,单击 Finish 按钮完成处理。随后回到 Refinement and Re-flattening 面板中,在 Input Files 面板中,自动输入上一步得到的控制点文件。分别打开 DEM/Cartographic System 面板和 Parameters 面板,输入 DEM 文件和相关的参数,其中参数设置如图 9-39 所示。点击 Exec 执行轨道精炼和重去平操作。

图 9-38　设置生成控制点的文件

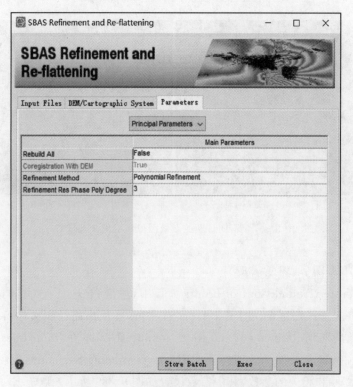

图 9-39　轨道精炼与重去平参数设置

9.2.2.6 SBAS反演第一步

具体步骤为：打开 SARscape/Interferometric Stacking/SBAS/4-Inversion：First Step，选择 Input Files 面板，在 Auxiliary File 选项中输入 auxiliary.sm；打开 Parameters 面板，选择 Principal Parameters 选项，参数设置如图 9-40 所示。

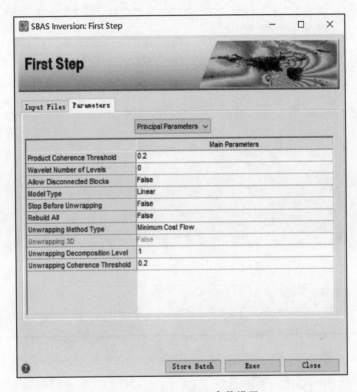

图 9-40 First Step 参数设置

9.2.2.7 SBAS反演第二步

（1）打开 SARscape/Interferomeric Stacking/SBAS/5-Inversion：Second Step 面板，选择 Input Files 面板，在 Auxiliary File 选项中选择 auxiliary.sml，在 Refinement GCP file 选项中选择前面进行轨道精炼所使用的控制点文件。

（2）单击打开 Parameters 面板，选择 Principal Parameters 选项，参数设置如图 9-41 所示。设置完参数后点击 Exec 按钮执行。

9.2.2.8 地理编码

（1）打开 SARscape/Interferometric Stacking/SBAS/6-Geocoding，在 Input Files 面板中输入 auxiliary.sml 文件；在 DEM/Cartographic System 面板中，选择输入 DEM 文件；在 Parameters面板中，设置 Principal Parameters 参数，参数设置如图 9-42 所示。

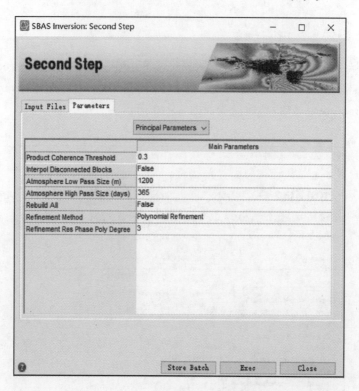

图 9-41 SBAS 第二步参数设置

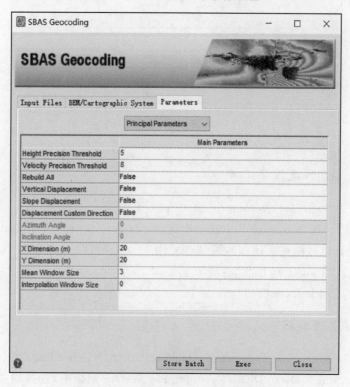

图 9-42 地理编码 Principal 参数设置

(2)在 Parameters 面板中,切换到 Geocoding 选项,将 Dummy Removal 选项设置为 True,并在结果中去除多余的外面框。其他参数为默认值,然后点击 Exec 执行程序,即完成地理编码。

9.2.2.9 结果分析

(1)打开得到的形变速率结果图,用鼠标右键点击图层,选择 New Raster Color Slice 进行彩色渲染,形变速率结果图的像素值是平均位移速率,单位为 mm/a,结果如图 9-43 所示。

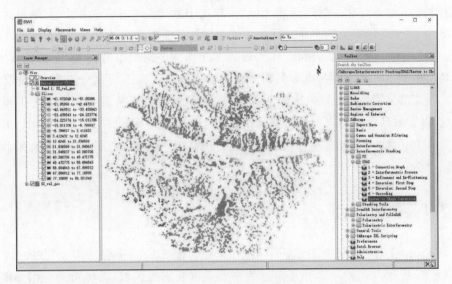

图 9-43 形变速率图

(2)在软件中也可以把 SBAS 获得的时序变形结果由栅格转为矢量文件和 KML 文件,这一步可在 Toolbox/SARscape/Interferometric Stacking/SBAS/Raster to Shape Conversion 中执行。我们将结果导出在谷歌地图中进行查看,树坪滑坡的形变速率在空间上的分布特征如附图 12 所示,在时间上的变化特征如图 9-44 所示。

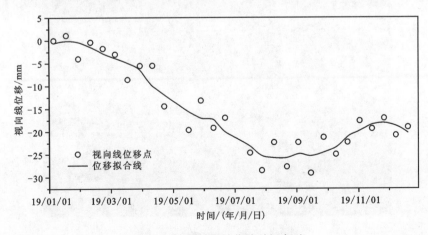

图 9-44 树坪滑坡位移时间序列

9.3 冻土监测

青藏高原是地球上面积最大的高海拔冻土区,广泛分布着多年冻土,青藏高原的多年冻土区占我国多年冻土面积的70%左右。多年冻土通过活动层、植被、雪盖与大气相互作用而形成并发展。冻土中的含冰量直接与温度有关,气候的变化会引起冻土中温度的变化,进而引起冻土中含冰量的变化。受气候的影响,多年冻土主要分为上、下两层,上部为夏融冬冻的活动层,下部为终年不融的多年冻结层。受全球气候变暖和人为活动影响,青藏高原多年冻土区正面临着严重的退化问题,具体表现为多年冻土平均低温升高、冻土面积减少、活动层厚度增加和多年冻土下界升高等问题。冻土退化将会带来土壤水分流失、植被覆盖面积减少和土地荒漠化等热熔地质灾害问题,同时威胁着青藏铁路、青藏公路等冻土工程的稳定性。因此,对青藏高原多年冻土环境进行监测具有重要意义。

本节以106景Sentinel-1A为数据源,采用短基线SBAS技术反演青藏高原冻土区缓慢地表形变。

9.3.1 数据源

(1)Sentinel-1A单视复数图像(https://scihub.copernicus.eu/dhus/#/home),入射角大小为39.8°,极化方式为VV,覆盖范围为卓乃湖以及周围区域,具体覆盖范围如图9-45所示,时间跨度为2017年3月21日—2020年8月8日。

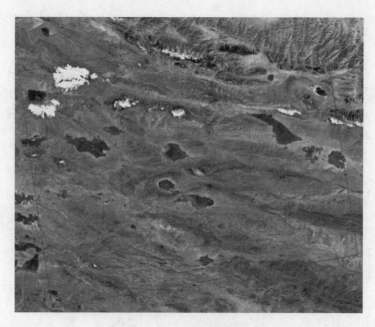

图9-45 数据覆盖范围

(2)DEM 数据采用 SRTM 30m 分辨率数字高程数据。

(3)下载 SAR 图像数据对应的精密轨道数据。

9.3.2 处理流程

(1)系统参数设置(图9-46)。设置好输入/输出路径,数据导入、研究区域裁剪等操作同前文表述相同。研究区裁剪可根据行列号进行,在 Parameters 面板中,分别在 West/First、North/First Row、East/Last Column 和 South/Last Row 选项中输入 pwr 数据的行列号,并在 Optional Files 面板的 Input Reference File 选项中输入参考文件(pwr 文件),将 Parameters 面板中的其余选项选为 False。需要注意的是,当裁剪范围过小时,要在 Parameters 面板下拉框中选择 Cut,并把 Perc Valid 的阈值调整到裁剪后图像占原始图像百分比以下。

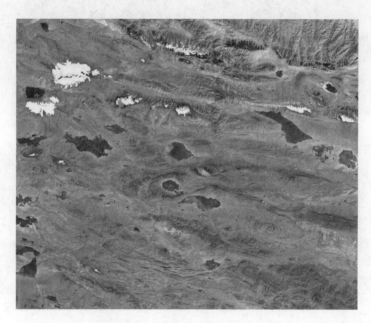

图 9-46 裁剪后研究区覆盖范围

(2)连接图生成。这一步注意尽量使时间基线的设置参数较小,主要是为了避免冻土随季节变化导致时间失相干。在 Toolbox 中,选择/SARscape/Interferometric Stacking/SBAS/1-Connection Graph,打开面板。在 Input Files 面板中输入所有的 SLC 数据。在 Optional Files 面板中不需要设置超级主图像,系统会自动选择。在 Parameters 面板中选择 Principal Parameters,将最小临界基线百分比(Min Normal Baseline(%))设置为 0,将最大临界基线百分比(Max Normal Baseline(%))设置为 45%~50%;将最小时间基线(Min Temporal Baseline)设置为 0,将最大时间基线(Max Temporal Baseline)设置为 90。其余选项设置为 False。在 Output Files 面板中选择输出路径和文件根名称,然后点击 Exec 执行程序。

(3)干涉工作流。这一步主要是对上一步骤中配对的干涉像对进行干涉处理,中间会生成相干图、去平地相位图、滤波相位图和相位解缠结果。所有的干涉图最终都与超级主图像进行了配准,为下一步轨道精炼和重去平步骤以及 SBAS 的反演作准备。在 Toolbox 中,打开/SARscape/Interferometric Stacking/SBAS/2-Interferometric Process。在 Input Files 面板中选择生成连接图的 auxiliary.sml 文件。在 DEM/Cartographic Syste 面板中导入事先准备好的 DEM 数据。在 Parameters 面板中将最小解缠相干系数阈值(Unwrapping Coherence Threshold)设置为 0.2。其余参数保持默认值,单击 Exec 执行程序。

从相位图可以看到,卓乃湖水体区域存在严重的噪声,其余地区相位质量较好(图 9-47)。

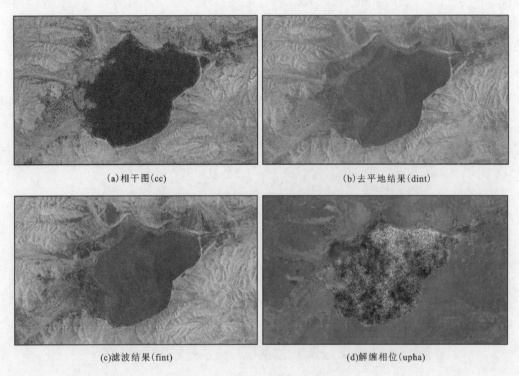

(a)相干图(cc)　　　　　　　　　(b)去平地结果(dint)

(c)滤波结果(fint)　　　　　　　　(d)解缠相位(upha)

图 9-47　某干涉对的处理结果

(4)轨道精炼与重去平(图 9-48)。GCP 选择要注意以下几点:①没有形变条纹和残余地形条纹,远离噪声区域;②数量为 20~30 个。

(5)SBAS 第一步反演(图 9-49)。第一次估算形变速率和残余地形,并且通过做二次解缠来优化输入的干涉图。在 Toolbox 中,打开/SARscape/Interferometric Stacking/SBAS/4-Inversion:First Step。在 Input Files 面板中的 Auxiliary File 选项中输入 auxiliary.sml 文件。在 Parameters 面板中,将产品相干阈值(Product Coherence Threshold)设置为 0.2,将解缠相干系数阈值(Unwrapping Coherence Threshold)设置为 0.2。其余参数保持默认值,点击 Exec 执行程序。

9 形变反演综合应用

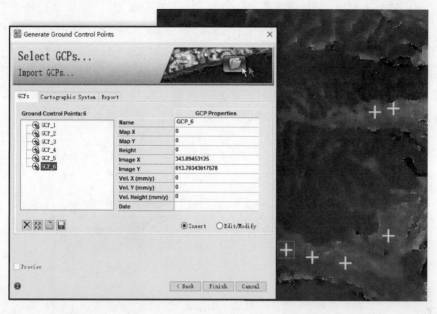

图 9-48 选择 GCP

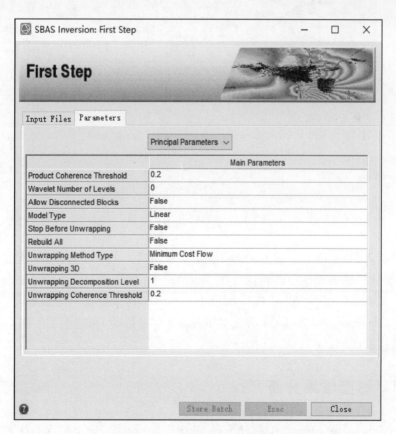

图 9-49 SBAS 第一步反演

(6) SBAS 第二步反演(图 9-50)。计算时间序列上的形变,在第一步估计的形变速率基础上进行高通和低通滤波,从而估计和去除大气相位,得到更精确的形变结果。在 Toolbox 中,打开/SARscape/Interferometric Stacking/SBAS/5-Inversion:Second Step。在 Input Files 面板中的 Auxiliary File 选项中输入 auxiliary.sml 文件,在 Refinement GCP File 选项中输入前面进行轨道精炼的时候使用的控制点文件。在 Parameters 面板中,将产品相干阈值(Product Coherence Threshold)设置为 0.2。其余参数保持默认值,点击 Exec 执行程序。

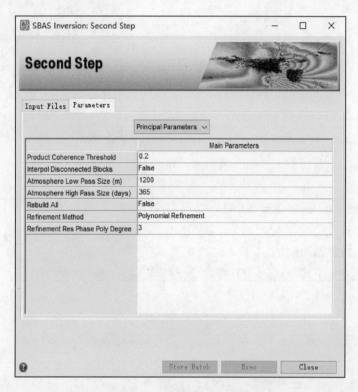

图 9-50　SBAS 第二步反演

(7) 地理编码(图 9-51)。将反演的形变结果从雷达坐标系转换到地理坐标系。具体操作步骤与前文所述的 SBAS 方法相同。在 Toolbox 中,打开/SARscape/Interferometric Stacking/SBAS/6-Geocoding。在 Input Files 面板中的 Auxiliary File 选项中输入 auxiliary.sml 文件。在 DEM/Cartographic System 面板中导入事先准备好的 DEM 数据。在 Parameters 面板中,参数保持默认值。点击 Exec 执行程序。

9.3.3　形变结果分析

打开"…\inversion\geocoded"路径下的 SI_vel_geo 图像,这个图像的像素值就是平均形变速率,单位为 mm/a(图 9-52)。

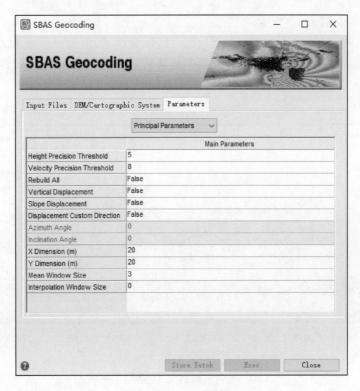

图 9-51 地理编码

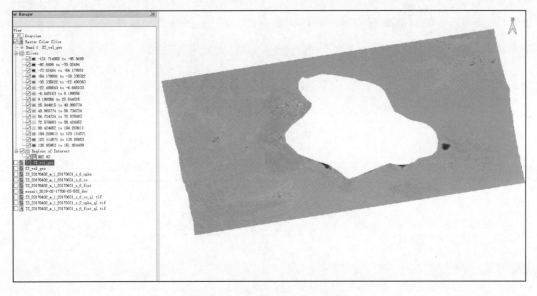

图 9-52 平均形变速率结果

为了便于分析形变结果,我们对平均形变速率进行重新制图,得到的卓乃湖及其周围区域平均形变速率,如附图13所示。

我们可以从附图13中看出卓乃湖周边冻土区形变状况,为了分析冻土区形变随季节变化的特征,可在平均形变速率图中挑选裸露湖底的某个形变点来进行分析,该点随时间变化的累计形变量如图9-53所示。

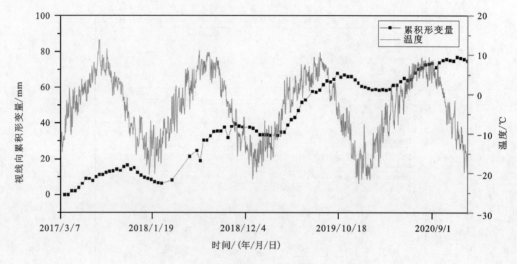

图 9-53 所选点随时间变化的累计形变量

图中"——"为温度变化曲线,"—■—"为所选点的累积形变曲线。从图中可以看出该点的形变总体呈抬升趋势,这是由于裸露湖底逐渐变为冻土,发生冻胀,从而引起地形抬升。此外,该点的形变随时间呈现明显的周期性变化,说明冻土区形变和季节变化存在着明显的关系。

第四部分

认知实践路线

10 微波遥感认知实践路线

本书参考中国地质大学(武汉)南望山校区、未来城校区的 SAR 图像,制定典型地物的特征认知实践路线,并结合理论教学帮助大家进一步理解 SAR 成像原理,掌握校园及周边典型地物的 SAR 图像特征,积累 SAR 图像解译经验。

路线1 南望山校区及周边典型地物 SAR 图像特征认知实践

拓展学习材料

笔者基于学校周边不同频段、不同极化方式、不同入射角度等的卫星 SAR 图像,构建了典型地物样例库,部分样例如图 10-1 所示。

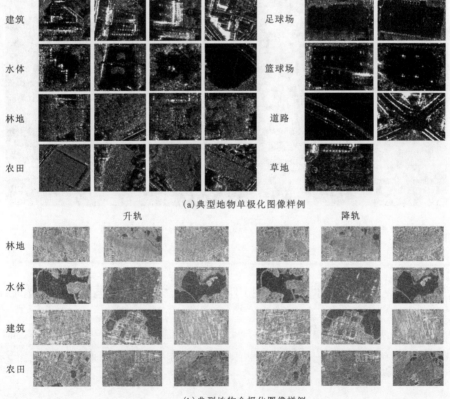

(a) 典型地物单极化图像样例

(b) 典型地物全极化图像样例

图 10-1 典型地物 SAR 图像特征样例图示

南望山校区典型地物观察教学路线

我们在该路线设置了 12 个观察点,具体路线安排:西区篮球场(硬地)和西区足球场(人造草地与塑胶跑道)→西区体育馆(建筑)→教二楼前荷花池(水体)→南望山地大隧道与山上植被(林地)→北区艺媒楼(建筑)→北区综教楼(钢架透明顶建筑)→北区宝石门(建筑)→八一路桥(北区宝石门往鲁磨路方向)→八一路与鲁磨路交叉口(道路及路边设施)→鲁磨路毕阁山公交站旁农田(农田)→喻家山(林地)→西区图书馆(建筑)(图 10-2)。

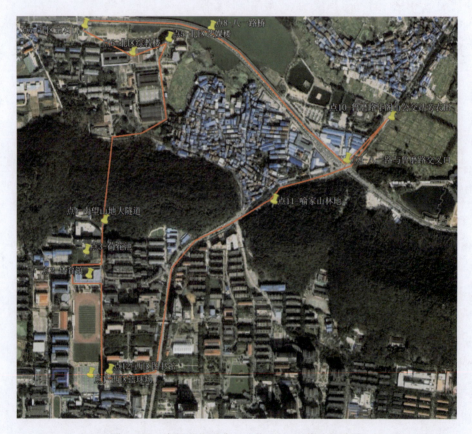

图 10-2 南望山校区典型地物 SAR 图像认知路线

观察点 1 西区篮球场(硬地)和西区足球场(人造草坪与塑胶跑道)

西区篮球场(硬地)(图 10-3)主要由硅 PU[①] 材料制作,表面平整光滑,呈镜面反射,后向散射强度较弱,在 SAR 图像中表现为黑色暗块。篮球场中的金属篮球架与地面形成二面角散射,后向散射强度较高,在 SAR 图像中主要表现为规则分布的亮点。

---

① PU 一般指聚氨酯,全名为聚氨基甲酸酯,是一种高分子化合物。

 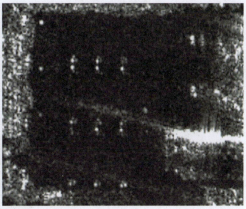

图 10-3　西区篮球场照片（左）和 SAR 图像（右）

西区足球场（图 10-4），主要是由塑料制品、PU、不饱和树脂等材料制成，运动场表面总体平整，散射强度较弱，在 SAR 图像中呈现暗块状，与运动场四周的树木对比明显。表面粗糙的塑胶跑道的散射强度比人造草坪的略高一点。运动场西侧中央的主席台及栏杆结构明显。

图 10-4　西区足球场照片（左）和 SAR 图像（右）

观察点 2　西区体育馆（建筑）

西区体育馆（图 10-5）总体呈凹形结构，凹形部分为后期新建，与中间顶部的材质不同。

体育馆凹形部分楼顶的金属框架结构散射强度较强,而顶部平面则由镜面反射分量主导,后向回波散射强度较弱。中间老建筑部分高度稍低且较平整,在 SAR 图像中表现较暗,与西侧楼顶形成较强的二面角散射(入射波自东至西),也能看出屋顶结构。周围高大树木的散射强度也较强,易与建筑混淆,但呈自然分布。

图 10-5　西区体育馆光学图像(左上)、照片(左下)和 SAR 图像(右)

观察点 3　教二楼前荷花池(水体)

教二楼前荷花池(图 10-6)为平静的湖水,主要发生镜面反射,后向散射强度极低,SAR 图像上的黑色区域就是对应的小湖。湖中长廊两侧的铁护栏为金属材质,与桥面形成二面角反射,后向散射强度极高,SAR 图像上表现为高亮点。

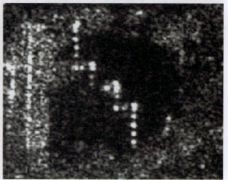

图 10-6　西区荷花池照片(左)和 SAR 图像(右)

观察点 4　南望山地大隧道与山上植被(林地)

隧道主要为水泥建筑物(图 10-7),后向散射强度较高,在 SAR 图像西南角主要表现为白色高点拱形和直线护坡。而林地部分主要发生的是体散射,后向散射强度较高,在 SAR 图像上表现为自然分布的灰亮色区域。

图 10-7　地大隧道照片(左)和 SAR 图像(右)

观察点 5　北区艺媒楼(建筑)

北区艺媒楼(图 10-8)由两栋建筑物组成,主要散射类型为二面角散射,回波信号强,在 SAR 图像上可以看出白色高亮区域为艺媒楼,西侧建筑弧形轮廓在图像中清晰可见。在建筑物的西侧方向,由于楼层的遮挡无法接受来自地物的有效回波信息,在图像中呈现黑色的阴影。

图 10-8　北区艺媒楼光学图像(左上)、照片(左下)和 SAR 图像(右)

观察点 6　北区综教楼(钢架透明顶建筑)

北区综教楼(图 10-9)边缘主要发生二面角反射,回波信号强,可以在 SAR 图像中看到明显的线状轮廓。中间的钢架半球状立体结构具有较强的后向散射,SAR 图像中可以看到明显的半圆形大亮斑。综教楼顶部平坦部分后向散射回波强度较弱,在 SAR 图像中主要表现为暗色区域。

图 10-9　北区综合楼光学图像(左上)、照片(左下)和 SAR 图像(右)

观察点 7　北区宝石门(建筑)

北区宝石门(图 10-10)主身为垂直于地平面的建筑,由于宝石门顶部为网状立体钢架结构,二面角结构加金属会产生较强的后向散射,在 SAR 图像中可以看到形状接近圆形的大亮斑。宝石门南侧"笑脸"上的眼睛为花坛,主要为植被体散射,在 SAR 图像中的亮度弱于二面角结构或金属,主要为灰色;"笑脸"嘴巴中的金属喷嘴在 SAR 图像中表现为亮点。"笑脸"面部(平坦的小广场)表面光滑,主要发生镜面反射,后向散射强度很弱,在 SAR 图像中呈现一个"铁锹状"的黑色区域。

观测点 8　八一路桥(北区宝石门往鲁磨路方向)

八一路桥(图 10-11)桥面较为平坦,在 SAR 图像中主要表现为黑色区域。桥两侧的金属栏杆具有较强的后向散射,在 SAR 图像中可以看出桥身两边的亮线。桥中间的路灯杆塔

图 10-10　北区宝石门光学图像（左上）、照片（左下）和 SAR 图像（右）

为金属材质，具有较强的后向散射，在图像中表现为规则的两点。桥两边的湖面主要为镜面反射，后向散射强度极弱，在 SAR 图像上表现为黑色。

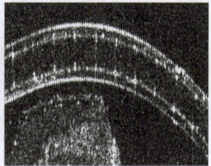

图 10-11　八一路桥照片（左）和 SAR 图像（右）

观察点 9　八一路与鲁磨路交叉口（道路及路边设施）

八一路与鲁磨路交叉口（图 10-12）为平坦的沥青和水泥路面，由镜面反射所主导，因此后向散射强度较弱，道路中间的金属栅栏（双向机动车道之间、机动车与非机动车道之间）与路面形成二面角散射，散射强度最高。在 SAR 图像中可以明显看到十字路口处有多条高亮的线状目标，线与线中间的黑色平面即为平坦的道路。

图 10-12　八一路与鲁磨路交叉口照片(左)和 SAR 图像(右)

观察点 10　鲁磨路毕阁山公交站旁农田(农田)

鲁磨路毕阁山公交站旁农田植被区域较为粗糙(图 10-13),冬季农田以表面散射为主,入射电磁波往各个方向散射,导致接收的后向散射回波信号较弱,在 SAR 图像中主要表现为灰色区域。规则的农田块在 SAR 图像中表现出一定的纹理特征,且与田边植被体散射差异较明显。

图 10-13　鲁磨路毕阁山公交站旁农田照片(左)和 SAR 图像(右)

观察点 11　喻家山(林地)

喻家山(林地)(图 10-14)主要散射类型为体散射,后向散射强度较高,在 SAR 图像中可以看到林地为成片的呈自然分布的灰色区域。

10 微波遥感认知实践路线

图 10-14　喻家山(林地)照片(左)和 SAR 图像(右)

观察点 12　西区图书馆(建筑)

西区图书馆东侧(图 10-15)(前面)为多层的旧建筑,西侧(后面)为新建的高层建筑,自东至西的入射波产生二面角散射,后向散射强度极高,在 SAR 图像中可以明显看出高亮建筑物轮廓。

图 10-15　西区图书馆光学图像(左上)、照片(左下)和 SAR 图像(右)

路线 2　未来城校区典型地物 SAR 图像特征认知实践

 拓展学习材料

未来城校区的高分三号 SAR 图像如图 10-16 所示,入射波方向自西至东。

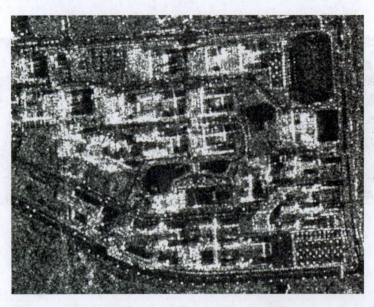

图 10-16　未来城校区高分三号雷达图像

 未来城校区典型地物观察教学路线

我们在该路线设置了 15 个观察点,具体路线安排:地信学院(建筑)→篮球场(硬地)→操场(塑胶与人造草坪)→体育馆(建筑)→大学生活动中心(建筑)→教职工食堂(建筑)→小足球场(人造草坪)→宿舍二组团(建筑)→图书馆(建筑)→学生一食堂(建筑)→地大湖(水体)→环境学院(建筑)→生环国重(建筑)→至善桥(建筑)→草地(植被)(图 10-17)。

图 10-17　未来城校区典型地物 SAR 图像认知路线

观察点1 地信学院(建筑)

地信学院为回字形建筑物(图 10-18),西侧立面与地面形成二面角散射,报告厅顶部与内圈东边立面形成二面角散射,回波信号极强,甚至在某些位置出现角反射器效应,在 SAR 图像中主要表现为高亮区,且倒向发射方向(叠掩现象),建筑物边缘在图像上有清晰可见的亮线。楼体东侧(背向传感器方向)由于入射电磁波无法到达,图中主要呈现为颜色较暗的阴影,明显挡住了排球场的西侧铁围栏。地信学院北边的校园围墙在 SAR 图像上呈连续的线状亮点。

图 10-18 地信学院照片(左)、SAR 图像(中)和光学图像(右)

观察点2 篮球场(硬地)

篮球场(图 10-19)的地面是采用 PU 材料铺设的,表面较光滑,大部分入射电磁波发生镜面反射,传感器接收不到回波信号,从而在图中主要表现为暗区。篮球场四周的铁围栏、主席台支柱、球场内的篮球架、灯杆为金属材质,且与地面形成二面角散射,在 SAR 图像中呈现连续的亮点。篮球场西北角有一部分的灯杆和围栏被信工楼遮挡而呈现阴影。

图 10-19 地信学院旁篮球场照片(左)、SAR 图像(中)和光学图像(右)

观察点 3 操场(塑胶与人造草坪)

操场(图 10-20)主要是由塑料制品、PU、不饱和树脂等材料制成,表面总体平整,散射强度较弱,在 SAR 图像中呈现暗块状,跑道表面粗糙度低于新草坪的粗糙度,因而在 SAR 图像中表现得更暗一点。操场西侧中央的主席台栏杆在 SAR 图像中呈现线状分布的亮点。操场北侧和东侧的校园围墙呈现线状分布的亮点。

图 10-20 操场照片(左)、SAR 图像(中)和光学图像(右)

观察点 4 体育馆(建筑)

朝向入射方向的体育馆(图 10-21)墙面主要发生二面角反射,在 SAR 图像上表现为亮点,且倒向入射方向,因叠掩现象压盖住门前南北向的道路,建筑物楼顶边缘在 SAR 图像上呈现明显的亮线。体育馆顶部的结构比较特殊,西半部分中间是一个带状钢架结构,钢架两侧区域的顶部高度低于体育馆东半部分和四周墙壁的顶部高度(意味着顶部存在阴影及二面角反射),在 SAR 图像上表现为南北向阴影条带,其中有一带状亮块,阴影条带东侧为倒向入射方向的二面角散射亮块;右半部分区域表面较为平坦,接收的入射电磁波主要发生镜面反射,在图像上表现为暗块。

图 10-21 体育馆照片(左)、SAR 图像(中)和光学图像(右)

观察点 5　大学生活动中心(建筑)

大学生活动中心(图 10-22)为一个不规则建筑,顶部较为平坦,由镜面散射分量主导,在 SAR 图像上呈现黑色块状。朝向入射方向的建筑物侧面发生二面角反射,在 SAR 图像中可以看到明显的高亮区域。

图 10-22　大学生活动中心(左)、SAR 图像(中)和光学图像(右)

观察点 6　教职工食堂(建筑)

教职工食堂(图 10-23)顶部呈"凹"形,朝向入射方向的一侧中间部分高度较低,所以在 SAR 图像中,倒向入射方向的中间部分表现较暗。在 SAR 图像中,边缘部分显示高亮。楼顶中间部分平整,后向散射强度较弱,在 SAR 图像上为暗色。

图 10-23　教职工食堂(左)、SAR 图像(中)和光学图像(右)

观察点 7　小足球场(人造草坪)

小足球场(图 10-24)的场地整体上平整,人造草坪的后向散射强度较弱,所以小足球场

(仿真草皮)在 SAR 图像中呈现暗块状。球场四周的铁围栏在 SAR 图像中呈现线状分布的亮点,西侧两栋宿舍阴影使得围栏亮点不连续。

图 10-24　小足球场(左)、SAR 图像(中)和光学图像(右)

观察点 8　宿舍二组团(建筑)

宿舍二组团(图 10-25)一共有五栋房屋,主要散射类型为二面角散射,可以在 SAR 图像中看出明显的屋顶条状亮块。西侧的三栋宿舍侧面倒向了入射方向,在 SAR 图像中形成额外的三条平行亮带和建筑物边缘亮线。南北向连接五栋的门面与地面形成较强的二面角散射,在 SAR 图像中呈现纵向的亮线。

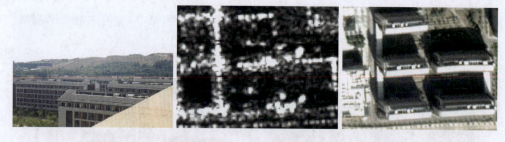

图 10-25　宿舍二组团(左)、SAR 图像(中)和光学图像(右)

观察点 9　图书馆(建筑)

图书馆(图 10-26)为未来城校区的最高建筑物,叠掩现象明显,朝向入射方向的一侧发生二面角反射,在 SAR 图像中倒向入射方向的亮块左半部分即为朝向入射方向的侧面,亮块区域的右半部分可见"E"字形的顶部结构,在右边的暗区为图书馆建筑的阴影。

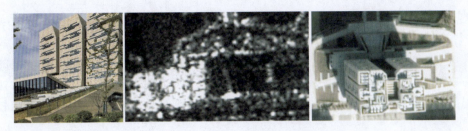

图 10-26　图书馆(左)、SAR 图像(中)和光学图像(右)

观察点 10　学生一食堂(建筑)

学生一食堂(图 10-27)朝向入射方向的建筑物侧面发生二面角反射,在 SAR 图像中倒向左侧入射方向。顶部总体较平整,后向回波信号较弱,在 SAR 图像中呈现黑色。

图 10-27　学生一食堂(左)、SAR 图像(中)和光学图像(右)

观察点 11　地大湖(水体)

地大湖(图 10-28)的水体表面平坦、光滑,入射电磁波发生镜面反射,后向散射强度很弱,在 SAR 图像上呈暗色调。湖的南部岸边有水生植被,后向散射强度高于开阔水域的强度。

图 10-28　地大湖(左)、SAR 图像(中)和光学图像(右)

观察点 12 环境学院(建筑)

环境学院(图 10-29)建筑形状呈"V"字形,两侧为建筑物,中间为一个有坡度的草坪(西高东低),建筑物发生二面角反射,回波信号强;部分草坪区域被建筑物遮挡,未被遮挡的草坪局部入射角较大,回波信号弱。环境学院在 SAR 图像中呈现出两侧高亮、中间较暗的现象。

图 10-29 环境学院(左)、SAR 图像(中)和光学图像(右)

观察点 13 生环国重(建筑)

生物地质与环境地质国家重点实验室(简称"生环国重")(图 10-30)呈"U"形,南北两侧与东侧是建筑物,中间为空地,北侧楼层高于南侧。在 SAR 图像中可以看出与建筑物形状对应的明显的"U"形亮块,北侧因高于南侧而产生更明显的叠掩现象,最右侧亮线由中间空地与东侧建筑物的二面角散射所致。

图 10-30 生环国重(左)、SAR 图像(中)和光学图像(右)

观察点 14 至善桥(建筑)

至善桥(图 10-31)为拱桥,桥面两侧为金属护栏,护栏与桥面、水面形成二面角结构,水面与桥体及护栏也会产生二面角散射,具有较高的后向散射强度,在 SAR 图像中可以看出桥身两侧的亮线,靠传感器一侧立面更大且散射强度更强,与桥两侧的水面对比明显。桥面中心花坛的散射使得桥面并不如道路那么暗,呈灰色。

图 10-31　至善桥(左)、SAR 图像(中)和光学图像(右)

观察点 15　草地(植被)

该草地(图 10-32)位于大学生活动中心北侧,植被区散射过程较为复杂,林地以体散射为主,后向散射强度较高;草地以表面散射为主,后向散射强度较低。一般越高大、茂密的植被在 SAR 图像上表现越亮。新校区的植被主要为草地和新种植的小树,在 SAR 图像上表现为偏暗的灰色,能大体反映出单株的分布,与南望山校区成片的茂密高大植被的纹理存在差异。

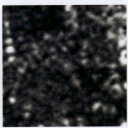

图 10-32　大学生活动中心北侧草地(左)、SAR 图像(中)和光学图像(右)

参考文献

陈启浩,聂宇靓,李林林,等,2017.极化分解后多纹理特征的建筑物损毁评估[J].遥感学报,21(6):955-965.

匡纲要,高贵,蒋咏梅,2007.合成孔径雷达目标检测理论、算法及应用[M].长沙:国防科技大学出版社.

廖明生,王腾,2014.时间序列 InSAR 技术与应用[M].北京:科学出版社.

林珲,马培峰,2021.城市基础设施健康 InSAR 监测方法与应用[M].北京:科学出版社.

刘国祥,陈强,罗小军,等,2019.InSAR 原理与应用[M].北京:科学出版社.

舒宁,2003.微波遥感原理(修订版)[M].武汉:武汉大学出版社.

赵英时,2013.遥感应用分析原理与方法(第二版)[M].北京:科学出版社.

周超,2018.集成时间序列 InSAR 技术的滑坡早期识别与预测研究[D].武汉:中国地质大学(武汉).

ARSENAULT H H, APRIL G, 1976. Prperties of Speckdle Integated with a Finite Aperture and Logarithmically Transformed[J]. Journal of the Optical Society of America, 66(11):1160-1163.

CHEN Q H, YANG H, LI L, et al., 2020. A Novel Statistical Texture Feature for SAR Building Damage Assessment in Different Polarization Modes[J]. IEEE Journal of Selected Topics in Applied Earth Observations and Remote Sensing(13):154-165.

CLOUDE S R, POTTIER E, 1997. An Entropy Based Classification Scheme for Land Applications of Polarimetric SAR[J]. IEEE Transactions on Geoscience and Remote Sensing, 35(1):68-78.

FREEMAN A, DURDEN S L, 1998. A Three-component Scattering Model for Polarimetric SAR Data[J]. IEEE Transnations Geoscience Remote Sensing, 36(3):963-973.

FRERY A C, MULLER H J, YANASSE C C F, et al., 1997. A Model For Extremely Heterogeneous Clutter[J]. IEEE Transactions on Geoscience and Remote Sensing, 35(3):648-659.

LEE J S, POTTIER E, 2009. Polarimetric Radar Imaging: From Basics to Applications[M]. Boca Raton: Taylor and Francis/CRC press.

LI L, LIU X, CHEN Q, et al., 2018. Building Damage Assessment from PolSAR Data Using Texture Parameters of Statistical Model[J]. Computers & Geosciences(113):115-126.

SHI L, SUN W, YANG J, et al., 2015. Building Collapse Assessment by the Use of

Post earthquake Chinese VHR Airborne SAR[J]. IEEE Geoscience and Remote Sensing Letters,12(10):2021-2025.

SHI X,HU X,SITAR N,et al.,2021. Hydrological Control Shift from River Level to Rainfall in the Reactivated Guobu Slope Besides the Laxiwa Hydropower Station in China[J]. Remote Sensing of Environment(265):112664.

SHI X,JIANG L,JIANG H,et al.,2021. Geohazards Analysis of the Litang-Batang Section of Sichuan-Tibet Railway Using SAR Interferometry[J]. IEEE Journal of Selected Topics in Applied Earth Observations and Remote Sensing(14):11998-12006.

SHI X,ZHANG L,TANG M,et al.,2017. Investigating a Reservoir Bank Slope Displacement History with Multi-Frequency Satellite SAR Data[J]. Landslides,14(6):1961-1973.

TONG S,LIU X,CHEN Q,et al.,2019. Multi-Feature Based Ocean Oil Spill Detection for Polarimetric SAR Data Using Random Forest and the Self-Similarity Parameter[J]. Remote Sensing,11(4):451-471.

Van Zyl J,1989. Unsupervised Classification of Scattering Behavior Using Radar Polarimetry Data[J]. IEEE Transnations Geoscience Remote Sensing(27):36-45.

Ward K D,1981. Compound Representation of High Resolution Sea Clutter[J]. Electronics Letters,16(17):561-565.

XIE Q,LAI K,WANG J,et al.,2021. Crop Monitoring and Classification Using Polarimetric RADARSAT-2 Time-Series Data Across Growing Season: A Case Study in Southwestern Ontario,Canada[J]. Remote Sensing,13(7):1394.

XIE Q,WANG J,LIAO C,et al.,2019. On the Use of Neumann Decomposition for Crop Classification Using Multi-Temporal RADARSAT-2 Polarimetric SAR Data[J]. Remote Sensing,11(7):776.

YAMAGUCHI Y,MORIYAMA T,ISHIDO M,et al.,2005. Four-component Scattering Model for Polarimetric SAR Image Decomposition[J]. IEEE Transnactions on Geoscience and Remote Sensing,43(8):1699-1706.

ZHAI W,SHEN H,HUANG C,et al.,2016. Building Earthquake Damage Information Extraction from a Single Post-Earthquake PolSAR Image[J]. Remote Sensing,8(3):171.

ZHAO L L,YANG J,LI P,et al.,2013. Damage Assessment in Urban Areas Using Post-Earthquake Airborne PolSAR Imagery[J]. International Journal of Remote sensing,34(24):8952-8966.

ZHOU C,CAO Y,YIN K,et al.,2020. Landslide Characterization Applying Sentinel-1 Images and InSAR Technique: The Muyubao Landslide in the Three Gorges Reservoir Area,China[J]. Remote Sensing,12(20):3385.

附 图

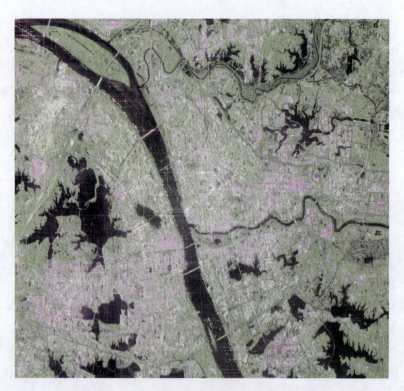

附图 1　武汉市高分三号全极化 PauliRGB 图像

附图 2　PauliRGB 图像

附图 3　Freeman-Durden 三分量分解伪彩色合成图（红色-二面角散射 P_d、绿色-体散射 P_v 和蓝色-表面散射 P_s）

附图 4　Yamaguchi 四分量分解伪彩色合成图（红色-二面角散射 P_d、绿色-体散射 P_v 和蓝色-表面散射 P_s）

附 图

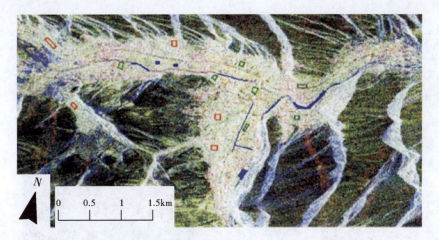

附图 5　RADARSAT-2 数据的 PauliRGB 图

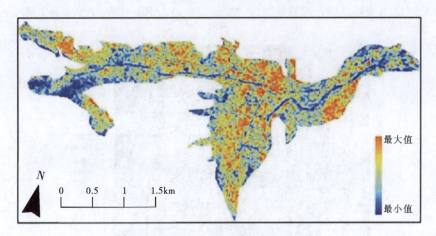

附图 6　滤波后的 $\pi/4$ 偶次散射功率 ω

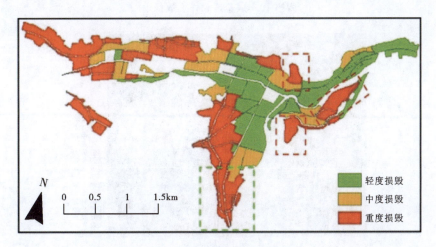

附图 7　建筑物损毁评估结果

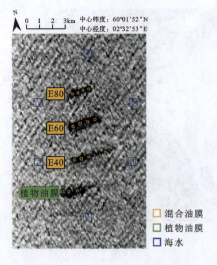 

附图 8　溢油检测 UAVSAR 数据　　附图 9　UAVSAR 极化数据随机森林油膜分类结果

附图 10　试验区和样本数据集

附图 11　利用 T_3 矩阵和 RVI 的 SVM 分类结果

附图12 树坪滑坡变形空间分布特征

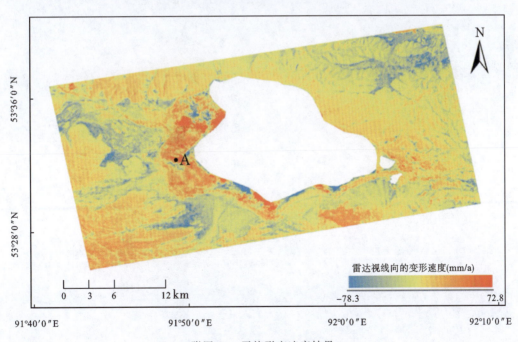

附图13 平均形变速率结果